¿Existe Dios?

¿Existe Dios?

Tres Pruebas IRREFUTABLES

Adrian Sanso-Ali

"¿Existe Dios? Tres Pruebas Irrefutables"

ISBN: 979-8-9973798-0-3
(Spanish - Paperback)
First Printing: 2026

Publicado por **Syncspiration**™ ®
Syncspiration es una marca registrada.

www.syncspiration.org

Para consultas: info@syncspiration.org

Portada, diseño interior, e ilustraciones: Adrian Sanso-Ali

Contenido:

Introducción:
LEER ESTO, QUE ES IMPORTANTE

"¿Qué dices? ¡Claro que no existe Dios! ¿En qué siglo vives?"

Yo vivo en el siglo XXI. ¿Y tú? En los últimos años, la ciencia y el conocimiento humano han aumentado de forma exponencial, de manera que la poca ciencia que aprendiste en la escuela ya no sirve.

Hace unos cien años, el mundo científico creía que ya había descubierto prácticamente todo lo que había que descubrir. Claro que quedaban algunos "misterios" de la ciencia, pero los científicos ateos suponían que sería cuestión de tiempo hasta que ya no sería necesario un "Dios" para explicar nada de lo que observamos en el universo.

Pero el mundo ha cambiado. A diferencia de lo que se creía el siglo pasado, cada nuevo descubrimiento científico apunta hacia la existencia de un Dios supremo, inteligente y eterno. ¡No al revés! Y sigue habiendo, como siempre ha habido, una buena cantidad de científicos y filósofos modernos que son *creyentes*: creen en Dios. Cada vez más, de hecho.

¿Y si te dijera que la existencia de Dios YA ha sido demostrada por la ciencia, más allá de cualquier duda? Pues así es. Entonces, ¿por qué no salió en las noticias? Lo que pasa es que no fue un descubrimiento aislado el que demostró la existencia de Dios, sino varios descubrimientos, y cada vez hay más. El mundo secular ve estas pruebas de la existencia de Dios, pero no quiere admitir lo obvio. Los académicos se hacen los tontos. Miran hacia otro lado. Cambian de tema, y hasta cambian el vocabulario para encubrir sus descubrimientos acerca del Dios Creador, como vamos a ver.

¿Por qué hacen esto? Por la misma razón por la cual tú no crees en Dios: porque si Dios existe, entonces tienes una gran responsabilidad, como criatura suya, de aprender más acerca de Él: quién es, qué es lo que quiere y ¡por qué te ha creado a ti!

Pero vamos a empezar desde el principio. Esto será un libro corto, fácil de leer, y (¡espero!) fácil de entender. Las tres pruebas científicas que voy a presentar acerca de la existencia de Dios no son "nada del otro mundo" (¡o quizás sí!), en el sentido de que son cosas que todos hemos oído antes. Son cosas que supuestamente sabemos, pero las sabemos muy por encima. Nadie nos ha explicado el significado real y profundo de estos hechos científicos.

Ya que esto no es ningún libro de texto para una universidad, no he puesto largas notas a pie de página para explicar de dónde he sacado cada punto de lo que cuento. Pero tenlo por seguro: todo lo que cuento aquí es la absoluta verdad, que tú mismo puedes corroborar mediante una simple búsqueda en Google de cada concepto que explico.

¿De verdad quieres saber si Dios existe? Cuidado, porque si lees este libro, al final sabrás, al menos intelectualmente, que Dios existe SIN LUGAR A DUDAS. Entonces no tendrás excusa.

Ahora bien, antes de seguir, es necesario definir la palabra

Dios. ¡Así sabremos de lo que estamos hablando!

¿Qué significa *Dios*?

"Dios" puede significar muchas cosas distintas – ¡hasta una palabrota! Pero según el *Diccionario de la Lengua Española*, de la Real Academia Española, la palabra "dios" tiene dos significados principales:

1) Ser supremo que en las religiones monoteístas es considerado hacedor del universo.
2) Deidad a que dan o han dado culto las diversas religiones politeístas.

Dado que el punto (2) anterior puede referirse a casi cualquier ser superior a nosotros – ¡incluso alienígenas de otros planetas! – vamos entonces a utilizar la primera definición. En concreto, lo siguiente:

Dios = El Creador de todo lo que existe.

Esto coincide con la definición de Dios en las principales religiones monoteístas. De hecho, la primera frase de toda la Biblia empieza con esta misma definición; ya identifica quién es este Dios del que hablamos: *"En el principio, Dios creó los cielos y la tierra."* (Génesis 1:1).

La Biblia, y otros libros religiosos, hablan de Dios como el creador del universo, del cosmos, de todo lo que existe. Además, no es una "cosa," sino un ser *vivo* e *inteligente.* Vamos a ver que no cabe ninguna duda de que este Dios Creador inteligente, existe: Un ser sobrenatural y superpoderoso, quien creó el universo y los seres vivos.

Ojo, que está muy de moda hoy en día hablar del "universo"

como algo inteligente, como una fuerza cósmica que guía nuestras vidas. La gente dice cosas como: "mira lo que el universo me ha hecho hoy" o "espero que el universo esté de mi lado hoy." Si tú crees esto, o crees en la "providencia," el "destino," o incluso en la "suerte" o en el "karma," entonces... ¡tú ya crees en Dios! Lo que pasa es que tienes miedo de llamarle por ese nombre.

Para aclarar: no estamos hablando del universo, sino del CREADOR del universo. Uno que está más allá del universo, porque creó el universo y todas las leyes que lo rigen. Voy a demostrar concretamente, en este libro, la existencia de este Dios Creador: mi Dios, el que creó a tu dios el universo. ;)

Ah, otra cosa: voy a hablar de milagros. Unos milagros específicos, cuya existencia ha sido demostrada científicamente. Entonces, lo siento, pero también es necesario definir qué significa la palabra *milagro*, y así sabremos de lo que hablamos.

¿Qué es un *milagro*?

Vamos a acudir de nuevo al diccionario de la Real Academia Española, ya que es considerado la autoridad normativa de la lengua española. Aquí, de nuevo, hay dos significados principales, además de varios otros significados menores. El diccionario define estos dos puntos principales de la siguiente manera:

1) Hecho no explicable por las leyes naturales y que se atribuye a intervención sobrenatural de origen divino.

2) Suceso o cosa rara, extraordinaria y maravillosa.

En este libro vamos a utilizar las dos definiciones listadas, de manera intercambiable, ya que son compatibles entre sí. De hecho, podríamos juntar las dos definiciones de la siguiente manera:

Milagro = Suceso o cosa rara, extraordinaria y maravillosa, no explicable por las leyes naturales, y que entonces se atribuye necesariamente a intervención sobrenatural de origen divino.

Entonces, he aquí las TRES PRUEBAS IRREFUTABLES de que Dios existe. De hecho, ¡son tres milagros sobrenaturales! Pero son milagros universalmente reconocidos por la ciencia, aunque en cada caso no se quiere admitir directamente que se trata de un milagro. Lo intentan tapar, cambiando el vocabulario, como he mencionado antes. Pero si tienes a mano las definiciones de las palabras *Dios* y *milagro* que hemos visto, no te podrán engañar ni ocultarte la verdad.

Prueba 1:
EL MILAGRO DE LA CREACIÓN

¿Por qué existe *algo* en lugar de *nada*? Es uno de los misterios más grandes de la ciencia actual. Está plenamente demostrado que hace muchísimo tiempo, aproximadamente 13.800 millones de años atrás, no existía absolutamente nada. Nada, nada, nada. ¡Ni siquiera el vacío del espacio!

El problema con este hecho es que el universo no puede haberse creado a sí mismo. ¡Nada puede crearse a sí mismo!

Nada + Nada = Nada
Cero + Cero = Cero

Unos creen que Dios creó el universo. Otros creen que nada creó el universo. ¿Cuál suena más raro? Los que creen en nada se ríen de los que creen en Dios y dicen: Dios no existe. ¿Pero sabes lo que es seguro que no existe? La nada. Lo que caracteriza la nada es que no existe. Si tu nada de repente se convierte en todo, ¡esto sí que es imposible!

El famoso matemático y filósofo actual, Dr. John Lennox, de la Universidad de Oxford, preguntó: "¿Es absurdo pensar que un ser superinteligente creó el universo? ¿O es más absurdo pensar que la nada creó todo?"

"¿Es absurdo pensar que un ser superinteligente creó el universo? ¿O es más absurdo pensar que la nada creó todo?"

John Lennox
(1943 -)
Matemático,
bioeticista

Desde los tiempos más antiguos los seres humanos han estado convencidos de que todo el universo fue creado por un Dios todopoderoso. Era una creencia casi universal, un supuesto. Lo tomaron como un hecho, una verdad evidente.

Por ejemplo, leemos en la Biblia la siguiente idea, que fue escrita hace unos 2000 años: "*...entendemos que el universo fue formado por la palabra de Dios, de modo que lo visible no provino de lo que se ve.*" (Hebreos 11:3).

En términos religiosos llamamos a este concepto *creación ex nihilo* (estas palabras en latín significan "desde la nada"). Al no saber los detalles de cómo surgió el universo y la vida, las primeras civilizaciones inventaron todo tipo de mitos y supersticiones acerca de *cómo* Dios creó el universo.

El nacimiento de la ciencia

Miles de años más tarde, llegó la era moderna y el nacimiento de la ciencia propiamente dicha: la era de la razón y la investigación. La revolución científica empezó alrededor del año 1543, cuando Nicolás Copérnico declaró que los planetas dan vueltas alrededor del Sol, no de la

Tierra. Luego, en el siglo XVII, surgió el *empirismo*: la creencia de que lo que vemos es lo que hay. Y de allí surgió el *materialismo*: la creencia de que lo material, lo físico, es lo *único* que existe. Si no lo ves, es porque no existe.

El materialismo retaba las creencias anteriores acerca de un creador invisible. Si no podemos ver a Dios con nuestros propios ojos, entonces Dios no debe de existir. Pero entonces, en este caso, otra vez la misma pregunta: ¿de dónde salió el universo? La conclusión del materialismo de los siglos XVII y XVIII era la siguiente: como no vemos a Dios, entonces Dios no existe. Como Dios no existe, entonces, a diferencia de lo que se creía antes, el universo NO debe de haber sido creado. La materia no ha sido creada de la nada, sino que siempre ha existido desde toda la eternidad.

Hay una ley de la física clásica llamada *la ley de la conservación de la materia*. Dice lo siguiente: "La materia no se crea ni se destruye, solo se transforma." En otras palabras, ¡ninguna cosa material puede aparecer desde la nada! Esto encajaba perfectamente con las ideas de la revolución científica, ya que la creencia de entonces era que el universo siempre había existido. Ya que no había habido una *creación*, entonces no hay un *creador*.

Una nueva revolución científica

Sin embargo, a medida que la ciencia iba avanzando, se empezaban a descubrir cosas nuevas, ¡cosas muy chocantes! En el siglo XX, algunos científicos descubrieron que el universo no es estático, sino que se está expandiendo. Finalmente, en 1927, el astrónomo Georges Lemaître propuso la teoría de que el universo tuvo un *principio*. Que, en algún momento del pasado, el universo entero *nació*. Esta idea fue tan chocante que la mayoría de los demás astrónomos de los años 1920 y 1930 iban totalmente en contra, rechazando de entrada esta nueva teoría sin ni siquiera investigarla. ¿Por qué?

Pues resulta que Georges Lemaître no solamente era un astrónomo importante, sino que también daba la casualidad de que era ¡un cura católico! Entonces sus compañeros científicos le acusaban de estar buscando alguna excusa – cualquier excusa – para decir que Dios existe. Decían que su nueva teoría científica implicaba conceptos religiosos, y que solo era un invento suyo porque quería demostrar la existencia de Dios. Hasta se reían de él, llamando a su nueva teoría la "teoría de la gran explosión." En inglés, el "BIG BANG."

Paremos aquí un momento. Tú y yo sabemos que, con el tiempo, el mundo científico entero llegó a aceptar esta teoría como la imagen más válida del pasado remoto de nuestro universo. Hoy en día aceptamos la teoría del Big Bang como un hecho histórico y científico. Pero ¿te das cuenta? ¡El verdadero nombre del "Big Bang" es la CREACIÓN! El nombre *Big Bang* fue un término despreciativo inventado específicamente por el enemigo de Lemaître, Fred Hoyle, un astrónomo ateo que defendía el universo estático. Según Hoyle, este Big Bang, o creación repentina del universo, "es un proceso irracional, y no puede ser descrito en términos científicos." ¡Exacto! Es por esto que:

Big Bang = CREACIÓN ESPONTÁNEA del Universo.

Big Bang = Creación *ex nihilo*. Desde la nada.

Es una lástima que, por los mismos miedos y prejuicios que originaron el término negativo *Big Bang*, el mundo haya querido seguir con esta nomenclatura, en lugar de llamarlo por lo que claramente es: la Creación.

El Profesor Dr. Joseph Silk, astrofísico actual de la Universidad de Oxford, autor del libro *The Big Bang* entre otros, dijo: "El Big Bang es la versión moderna de la Creación del Universo."

"El Big Bang es la versión moderna de la Creación del Universo."

Joseph Silk
(1942 -)
Astrofísico, cosmólogo

Volvamos a la historia. Fred Hoyle, este astrónomo ateo que inventó el nombre *Big Bang*, dijo lo siguiente al respecto: "La razón por la que a los científicos les gusta el «Big Bang» es porque están influenciados por el Libro de Génesis. Está profundamente arraigado en la psicología de la mayoría de los científicos creer en la primera página de Génesis." Es curioso que con estas palabras Hoyle admitió algo que muchos ignoran: un gran número de científicos de todos los tiempos ¡han sido creyentes, no ateos!

Algo muy curioso es que, más tarde en su vida, aunque siguió sin creer en el Big Bang, Fred Hoyle tuvo que admitir lo siguiente: "Una interpretación de los hechos usando el sentido común sugiere que un superintelecto se ha entrometido en la física, así como en la química y la biología, y … en la naturaleza no hay fuerzas ciegas de las que valga la pena hablar."

"Una interpretación de los hechos usando el sentido común sugiere que un superintelecto se ha entrometido en la física, así como en la química y la biología"

Fred Hoyle
(1915 - 2001)
Astrofísico

Hoy día en el siglo 21, El Big Bang - *Creación* - ya es totalmente aceptado por el mundo científico, y enseñado en las escuelas como un hecho científico. Lo absurdo es que muchos siguen empeñados en no creer (de forma pública al menos) en Dios. De esta manera, tenemos una creación, pero sin *creador*, y entonces el Big Bang sigue siendo considerado uno de los misterios más grandes de la física moderna. De hecho, es un milagro. (Acuérdate de la definición de *milagro* que hemos visto anteriormente: *Suceso o cosa rara, extraordinaria y maravillosa.*)

Como fue la Creación del Universo

Vamos a ver unos detalles interesantes acerca del milagro de la creación:

Ya que este descubrimiento ha conservado su nombre derogatorio *Big Bang*, nos hace pensar que se trata de algún tipo de explosión, pero este supuesto explosión ¡fue millones de veces más rápido que la velocidad de la luz! El nombre científico para este fenómeno es *inflación*.

Según la teoría del Big Bang, o Inflación, el universo

apareció de repente, desde la nada absoluta, hasta tener un tamaño de millones de años luz, en una trillonésima parte de la trillonésima parte de la trillonésima parte de un segundo (10 elevado al -32). Estos números son imposibles de pensar o imaginar en términos prácticos humanos. Lo que significa es que, aunque es llamado una "explosión," esto NO es ninguna explosión en términos científicos, ya que ¡va en contra de todas las leyes de la física! Lo que llaman el "Big Bang" es una CREACION ESPONTANEA DESDE LA NADA (*Ex Nihilo*).

No hay manera de explicarlo científicamente, ¡es algo que simplemente NO puede suceder jamás! Es magia, es sobrenatural, ¡es un milagro! Pero ojo: Es un milagro que el mundo científico moderno ha *aceptado como real.* Los científicos ateos CREEN en el milagro llamado *Big Bang*; creen que realmente pasó, aunque no lo pueden explicar en términos científicos (por esto es un milagro por definición).

Permítame repetir lo que acabo de decir: El Big Bang no es "casi" un milagro. No es "como si fuera" sobrenatural. ES un milagro, y ES sobrenatural (por encima de las leyes de la física), según las mismas definiciones de la ciencia.

Otro dato a considerar: En el momento de la creación del universo, no solamente apareció TODA la materia que actualmente existe en el universo entero, sino que apareció lo que es el *espacio en sí.* O sea, antes del Big Bang, ¡ni siquiera existió el *vacío*! Ni tampoco el *tiempo.* Incluso, no existía las leyes de la física o de la naturaleza que actualmente conocemos. Podemos decir que no existía ni siquiera la *nada.* No hubo un tiempo "antes" del Big Bang, sino que el Big Bang era el principio del tiempo, y el principio absoluto de todo lo que existe: Tiempo, espacio, materia física, y hasta las mismas leyes que rigen la realidad. Y todo apareció repentinamente, como arte de magia. En un momento no había nada (ni siquiera había *momentos*), y en el siguiente momento, existió el universo entero. Como si Dios hubiera chasqueado los dedos para que apareciera mágicamente.

Exacto.

El famoso físico y cosmólogo, Dr. Stephen Hawking, dijo lo siguiente acerca del Big Bang: "El punto exacto de la creación se encuentra fuera del alcance de las leyes de la física actualmente conocidas."

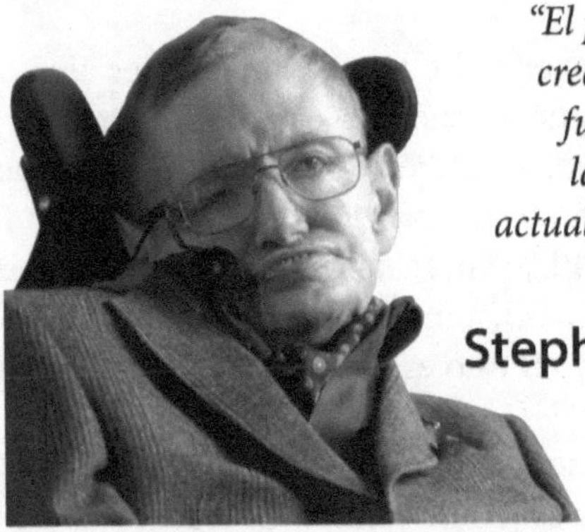

"El punto exacto de la creación se encuentra fuera del alcance de las leyes de la física actualmente conocidas."

Stephen Hawking
(1942 - 2018)
Astrofísico, cosmólogo

Nota otra vez, que esto es la mismísima definición de un milagro. Y Stephen Hawking era un ateo.

De la misma manera, el Dr. Paul Dirac de la Universidad de Cambridge, uno de los más grandes físicos del siglo 20, y ganador de un Premio Nobel, dijo: "Es cierto que el universo comenzó en un momento determinado a través de un acto de creación." ¡Él también era un ateo!

La tecnología ha avanzado tanto que, mediante la observación de la creación, hemos conseguido hasta poder mirarle a Dios en la cara, pero sin reconocerle. O quizás es porque muchos responsables de la ciencia y la educación no *quieren* admitir públicamente que Dios existe, porque entonces esto nos hace responsables delante de Él.

"Es cierto que el universo comenzó en un momento determinado a través de un acto de creación."

Paul Dirac
(1902 - 1984)
Físico cuántico

Las leyes de la física

¿Qué es una *ley de la física*? Es una regularidad en la naturaleza que parece universal, consistente y expresable matemáticamente. Se llama *ley* porque la materia tiene que obedecerla, sí o sí. Por ejemplo, la velocidad máxima en el universo es 299.792.458 metros por segundo (m/s), que es aproximadamente 300.000 km por segundo, o 186.282 millas por segundo. Es algo muy exacto y concreto. Esta ley la conocemos como la *velocidad de la luz*. Ningún objeto material puede superar esta velocidad máxima; es imposible.

De la misma manera, existe una temperatura mínima absoluta en el universo, que es -273,15 °C (-459,67 °F). Conocida como cero absoluto, o 0 °K (kelvin), es imposible que ningún objeto tenga más frío que esta temperatura. Imposible.

Aparte de estos, hay muchas más leyes que gobiernan el universo. Leyes de la termodinámica, el electromagnetismo, la gravedad, etc. Vivimos en un universo gobernado por estas leyes, las leyes de la física.

Pero… ¿quién escribió dichas leyes de la física? ¿Los físicos? ¿Y quién hace cumplir estas leyes? ¿Acaso existen policías invisibles que se aseguran de que se cumplan?

Lo increíble es que, mientras que estas leyes de la física gobiernan la materia y la energía, ellas mismas NO están compuestas por materia ni energía. No podemos ver las leyes de la física, pero sí observamos cómo la naturaleza las obedece perfectamente. Tampoco podemos ver el mecanismo por el cual el universo es forzado a obedecer dichas leyes. Esto es porque las leyes de la física NO son físicas, sino espirituales (invisibles, trascendentes). En otras palabras, ¡son de más allá del universo físico! Varios científicos famosísimos (Einstein, Newton, Heisenberg) llamaron a estas leyes del universo la "Mente de Dios." Albert Einstein, en concreto, las llamó, además, la "encarnación de la razón." Son la prueba de que lo espiritual gobierna sobre lo material.

Hasta ahora hemos visto cosas increíbles (¡pero ciertas!) acerca de la creación del universo. Pero hay más, ¡mucho más!

Por ejemplo: si mides el tamaño de todos los objetos físicos en el universo, desde las galaxias más grandes hasta las subpartículas atómicas más pequeñas, adivina, ¿cuál sería el tamaño medio de todos estos objetos? Serías TÚ. O sea, el tamaño de un ser humano.

Esto nos lleva al tema del *Principio Antrópico*, uno de esos conceptos científicos que te hacen explotar la cabeza si lo piensas demasiado tiempo. Intentaré explicarlo de una forma sencilla:

El Principio Antrópico

Imagínate que entras en una habitación de un hotel donde te vas a alojar durante unos días. No solo es una habitación bonita, decorada exactamente a tu gusto y en tus colores favoritos, sino que la temperatura está perfecta para ti, en la mesita de noche está tu libro favorito, en el minibar hay precisamente la chocolatina que se te antojó hace cinco minutos, y está sonando la música que más te gusta en el mundo.

¿Qué pensarías? "¡Vaya, qué coincidencia tan loca!" O tal vez te darías cuenta de que alguien que te conoce, sabía que tú venías.

El Principio Antrópico dice que el universo es esa habitación de hotel, pero con mil detalles más que lo hacen *perfecto* para ti. Según los astrofísicos, si las leyes de la física del universo fueran apenas un 1% diferentes, nosotros no existiríamos. Por ejemplo, si la fuerza de la gravedad fuera un poquito más fuerte de lo que es, el universo se habría colapsado sobre sí mismo hace mucho tiempo. Si fuera un poquito más débil, las estrellas y los planetas nunca se habrían formado, entonces solo seríamos una sopa de gas aburrida.

Otro ejemplo de este evidente *ajuste fino del universo*: El carbono es el elemento que forma la base de toda la vida física que conocemos. Si los niveles de energía de los núcleos atómicos fueran muy poco distintos de lo que su correspondiente ley de la física dice, el carbono no sería estable, y entonces no existiría ningún ser vivo físico.

Hay un *montón* de ejemplos más, como estos, que los científicos han descubierto acerca del universo. Como si el universo fuera diseñado precisamente para nosotros, los seres humanos.

Recientemente tuve el honor de conocer en persona al Dr. Stephen C. Meyer, filósofo de la ciencia y fundador del

Center for Science and Culture (Centro para la ciencia y la cultura) en Washington, EE.UU. Dr. Meyer es el autor del famosísimo libro *Return of the God Hypothesis* (El retorno de la hipótesis de Dios). Este libro afirma, entre otras cosas, lo siguiente: "El descubrimiento del ajuste fino del universo, al igual que el descubrimiento del comienzo del universo mismo, representa un efecto que requiere una causa con atributos específicos, que incluyen tanto la trascendencia como la inteligencia."

"El comienzo del universo, representa un efecto que requiere una causa con atributos específicos, que incluyen tanto la trascendencia como la inteligencia."

Stephen C. Meyer

(1958 -)

Filósofo de la ciencia, historiador

Incluso el lugar que ocupa nuestro planeta en el universo es un lugar muy privilegiado. A primera vista parece no tener importancia, pero los astrónomos se han dado cuenta de que el lugar que ocupa la Tierra en el espacio nos permite observar las maravillas lejanas del universo de una manera que no se puede observar desde la mayoría de los lugares del universo. Esto roza lo espiritual o lo metafísico, sugiriendo que hay una intención o una necesidad de que el cosmos sea *observado*. Dirías: "¡Vaya, qué coincidencia tan loca!" ¿O tal vez fue Dios quien quería, a propósito, mostrarnos estas maravillas de su creación? Una obra de arte que muestra la genialidad y magnificencia de su creador. Me recuerda esta afirmación que se encuentra en la Biblia: *"Los cielos cuentan la gloria de Dios; la expansión proclama la obra de sus manos.*" (Salmo 19:1).

Entonces, el Principio Antrópico nos muestra un universo creado a propósito para nosotros, los seres humanos, para que pudiéramos existir. Ahora, algún listillo podría decir: un momento, por supuesto que el universo muestra una serie de atributos que son exactamente los necesarios para que existiéramos, porque, si no fuera así, ¡no estaríamos aquí para verlo! Es como si un pez se sorprendiera de que el mundo esté lleno de agua. Si no hubiera agua, ¡el pez no existiría para sorprenderse!

Lo que está claro es que el universo tenía que tener exactamente estas propiedades matemáticamente precisas, en el momento de su creación, para que la vida pudiera surgir posteriormente. Los cosmólogos que descubrieron esta serie de "coincidencias locas" se quedaron aplastados por la sorpresa, porque habían descubierto la mismísima *firma de Dios* en su creación. Realmente, entre el Big Bang y el Principio Antrópico, lo que tenemos es la absoluta prueba científica de que existe un Dios creador, todopoderoso e inteligente.

Aun así, todavía hay algunos científicos ateos que inventan todo tipo de supuestas teorías para intentar negar estas pruebas contundentes de la existencia de Dios. Una de estas teorías que se ha vuelto muy popular últimamente es la idea del *multiverso*.

¿Un multiverso?

Dr. Stephen Hawking, en su libro *El Gran Diseño* (escrito junto a Leonard Mlodinow), explica la idea del multiverso como si fuera un gran casino: existen billones de universos con "manos perdedoras" (leyes físicas donde la vida es imposible), y nosotros simplemente estamos en la mesa donde nos tocó la "mano ganadora." En otras palabras, quizás existen billones de universos con leyes físicas horribles donde nada sobrevive, y nosotros simplemente sacamos la lotería cósmica y nos tocó el único universo donde el café no se congela instantáneamente y los seres humanos pueden evolucionar.

Pero ojo: esto, incluso si fuera verdad, no nos quita el "problema" de encima: ¿quién creó el multiverso? Fíjate que los mismos científicos que se burlan de la idea de un Creador invisible ¡creen que hay universos enteros invisibles! ¿Qué tal, entonces, un universo donde vive Dios, quien creó nuestro universo?

La verdad es que la idea del multiverso es una simple noción filosófica, más que una hipótesis científica. Aunque algunos científicos han intentado encontrar evidencia de la existencia de otros universos, no han encontrado nada significativo al respecto. Además, postular un número casi infinito de universos inobservables, solo para explicar nuestro propio universo, es contrario a *la Navaja de Ockham* (o *lex parsimoniae*). La Navaja de Ockham es un principio filosófico-científico para la resolución de problemas, que dice que "en igualdad de condiciones, la explicación más sencilla suele ser la correcta." Y la explicación más sencilla, que encaja perfectamente con el hecho de la creación sobrenatural del universo, es que existe un Creador inteligente y todopoderoso.

La creación habla por sí misma

Dr. Antony Flew, Profesor de Filosofía de la Universidad de Oxford, fue el máximo referente del ateísmo filosófico anglosajón en la segunda mitad del siglo XX. Era el precursor de los actuales ateos militantes como Richard Dawkins o Sam Harris. Durante 50 años predicó públicamente en contra de la existencia de Dios. Hasta que, de repente, en 2004, cambió de opinión y ¡empezó a *creer en Dios*!

¡Imagínate! Después de ser el campeón de los ateos durante décadas, y autor de muchos libros famosos promocionando el ateísmo, un día dijo: "Lo siento chicos, resulta que ahora creo en Dios." Qué fuerte. Su último libro se tituló: *Dios Existe: Cómo Cambió de Opinión el Ateo Más Famoso del Mundo.*

Dr. Flew dice, en página 88 de su libro: "Ahora creo que el universo fue creado por una inteligencia infinita. Creo que las leyes intrincadas de este universo manifiestan lo que los científicos han llamado la Mente de Dios. Creo que la vida y la reproducción se originan en una fuente divina. ¿Por qué creo esto, dado que expuse y defendí el ateísmo durante más de medio siglo? La respuesta corta es la siguiente: esta es la imagen del mundo, tal como la veo, que surgió de la ciencia moderna."

"Ahora creo que el universo fue creado por una inteligencia infinita... esta es la imagen del mundo, tal como la veo, que surgió de la ciencia moderna."

Antony Flew
(1923 - 2010)
Filósofo

La ciencia ha cambiado mucho en los últimos 100 años. Va avanzando cada vez más hacia la verdad, y en muchos casos y de muchas maneras ya ha demostrado sobradamente la existencia de Dios. Como consecuencia, sigue habiendo cada vez más científicos de la física y la biología que creen en Dios. Es una lástima que hasta el día de hoy se siga enseñando el materialismo en las escuelas como si fuera ciencia, cuando los últimos avances de la ciencia han dejado muy atrás al materialismo.

Sabemos que la materia, la energía, el tiempo y hasta el mismo espacio son una creación. ¡Fueron creados! Aparecieron espontánea y espectacularmente, desde la nada absoluta. Sin embargo, nada puede aparecer espontáneamente. ¡Nada puede crearse a sí mismo! Entonces algo (o *alguien*) lo creó. Una potencia, una primera causa eterna (o sea, un ser *no* creado), anterior y exterior al universo. Y este algo, o alguien, planeó el universo, junto con las leyes y constantes exactas para que la materia y la vida pudieran existir.

No somos simples accidentes, sino el resultado de un ajuste fino tan preciso del universo que parece un milagro matemático. Parece que el universo se tomó muchas molestias para que hoy pudieras existir, y pensar, ¡y leer este libro!

La Creación es una prueba absoluta y contundente de que existe un Creador. Puedes ignorarlo, pero no puedes negarlo. Y por si todo esto que hemos visto fuera poco, hay DOS pruebas MÁS, igualmente contundentes, de la existencia de Dios. Vamos a por la segunda…

Prueba 2:
EL MILAGRO DE LA VIDA

Vamos a hablar, por supuesto, de la existencia de la *vida*.

Vivimos en un planeta que, a diferencia de los otros planetas que conocemos, está completamente lleno de vida. No solamente "hay vida" mientras que en los otros planetas no la hay; nuestro planeta está rebosando, desbordando de vida. Tiene una variedad inmensa de seres vivientes, y hay millones y billones y trillones de seres vivos aquí. Incluso si vas a un desierto, está lleno de vida microscópica. ¿Cómo ha surgido la vida? Es otro de los misterios más grandes de la ciencia.

Antes de seguir, y especialmente para aquellos ateos espabilados, es importante mencionar el concepto del "Dios de los huecos":

¿Qué es el "dios de los huecos"?

Imagina que el conocimiento humano es como un puzle (o rompecabezas) gigante. A medida que pasa el tiempo, la ciencia va colocando piezas y vamos entendiendo mejor cómo funciona el mundo (la gravedad, la medicina, las estrellas, etc.). Sin embargo, todavía nos faltan muchas piezas. Hay "huecos" o vacíos en lo que sabemos. El concepto del "dios de los huecos" surge cuando alguien usa a Dios como la explicación para esas áreas donde falta conocimiento.

Por ejemplo, en la antigüedad, como los seres humanos no sabían por qué caen rayos del cielo, se suponía que debía haber alguien muy poderoso allí arriba, y que estaba muy enojado. Miles de años más tarde, en la edad media, ya sabíamos qué causa los rayos, pero no sabíamos qué causa las enfermedades, así que debía ser un castigo divino. En resumen: "Como no sabemos cómo pasó X, entonces lo hizo Dios."

¿Cuál es el problema con esta forma de pensar? Pues, la ciencia sigue avanzando. Entonces Dios se "encoge." Cada vez que la ciencia descubre la respuesta a un misterio (por ejemplo, llegamos a entender la electricidad, o los virus), ese "hueco" se llena con una explicación natural, y el espacio para Dios se reduce. Si basas la existencia de Dios solo en lo que *no* sabemos, entonces, a medida que aprendemos más, parece que Dios tiene cada vez menos lugar en el universo.

No es de sorprender, pues, que los ateos crean que, aunque sigue habiendo grandes misterios para la ciencia, algún día llegaremos a entenderlo todo, y sabremos a "ciencia cierta" que Dios NO existe.

La evolución

Cuando Charles Darwin publicó, en 1859, su famoso (¿o infame?) libro *El Origen de las Especies*, la gente creía que ya se había resuelto el último gran misterio de la ciencia que quedaba (piensa que, en aquel entonces, aún no habían descubierto el Big Bang, del que hablamos en el capítulo anterior). Charles Darwin, y otros de su época, habían descubierto cómo llegamos a estar aquí en la Tierra, y no era por Dios, sino por la *evolución*. Entonces, para ellos, ya no quedaban "huecos" en el conocimiento científico que rellenar con la excusa de un Dios.

O al menos, esta es la versión de la historia que te han contado en la escuela.

No me malinterpretes: yo creo totalmente en la evolución. La palabra *evolución* simplemente significa cambio o desarrollo a lo largo del tiempo. Está clarísimo que la vida en la Tierra ha cambiado, ha *evolucionado* a lo largo de muchos millones de años. Nadie que haya estudiado el tema en serio lo puede negar. (En este libro hablo de *hechos* científicos, no de opiniones. La verdad es la verdad, te guste o no). Pero... (y esto es un gran *pero*):

¿*Cómo* ha evolucionado la vida? ¿Cuál es el verdadero mecanismo por el cual la vida se ha desarrollado? Aquí no vamos a basar nuestra creencia en Dios en lo que NO sabemos (el dios de los huecos), sino en lo que SÍ sabemos. Durante los últimos 150 años, el conocimiento científico acerca de la evolución ha ido creciendo enormemente (¡ha *evolucionado*!), pero a medida que hemos descubierto más detalles sobre el tema, más hemos visto que estamos ante la obra sobrenatural de Dios.

El tema de la evolución en general es muy mal entendido, tanto por ateos como por creyentes religiosos. Para empezar, cuando Charles Darwin publicó su famoso libro, la gran revelación, lo que Darwin estaba proponiendo, NO era la evolución en sí, ya que, con anterioridad, la evolución ya era una idea conocida. Lo nuevo de la *Teoría de la Evolución* de Charles Darwin era su intento de describir *cómo* funciona la evolución, o sea, cuál es el mecanismo por el cual la vida ha ido cambiando. Esta teoría propone la *selección natural* como mecanismo evolutivo principal.

La selección natural

La *selección natural* es el proceso por el cual los organismos que están mejor adaptados a su entorno tienen más probabilidades de sobrevivir y reproducirse. Esta idea se conoce también como la "supervivencia del más apto." Con el tiempo, esto causa que las especies cambien y se adapten.

Por ejemplo, hace unos 7 millones de años había una especie de mamíferos llamados *samotherium*. Se parecían un poco a los caballos actuales. Algunos tenían el cuello un poco más largo que otros por simples diferencias genéticas naturales. Cuando la comida empezó a escasear en los arbustos bajos, solo los de cuello largo podían alcanzar las hojas de los árboles altos. Los samotherium de cuello corto no se alimentaban bien y morían antes de tener crías. Los de cuello largo sobrevivían, tenían bebés, y esos bebés heredaban el cuello largo. Y así pasó sucesivamente una y otra vez, generación tras generación, hasta acabar en las *jirafas* de hoy en día, ¡con sus cuellos absurdamente largos!

Darwin, además, sostenía que si vamos marcha atrás en todo este largo proceso, encontramos que todas las especies se desarrollaron a partir de una sola especie de ser vivo muy simple, que era el ancestro común de todas las especies que existen o que jamás han existido en la Tierra.

Las confesiones de Darwin

El propio Charles Darwin, ya en la primera edición de su libro *El Origen de las Especies*, admitió abiertamente que su teoría tenía varios problemas o enigmas por descifrar. Él suponía que, con el tiempo, a medida que la ciencia avanzara, acabaríamos descubriendo las respuestas a estos problemas.

Como señaló Darwin: "En primer lugar, ¿por qué, si las especies han descendido de otras especies mediante gradaciones insensiblemente finas, no vemos por todas partes innumerables formas de transición? ¿Por qué no está toda la naturaleza en confusión, en lugar de estar las especies, como las vemos, bien definidas?" (Darwin 1859, p.171).

Otra dificultad, relacionada con la primera, es la ausencia o rareza de variedades de transición en el tiempo. Se cuestionó si la selección natural podría producir estructuras especializadas complejas, y los comportamientos para utilizarlas, cuando resulta difícil imaginar cómo estas "formas intermedias" podrían ser *funcionales*. (Luego hablaremos de esto).

Otro problema es que la selección natural depende de mutaciones genéticas aleatorias. Pero estas mutaciones, que ocurren naturalmente, son cambios a escala muy pequeña, y casi siempre son perjudiciales para el organismo en cuestión.

Por último, la pregunta del millón: si todas las especies actuales se derivan de una sola especie original, ¿de dónde vino este primer ser vivo en la Tierra? ¿Cómo surgió originalmente la vida? Los proponentes del darwinismo suponían que, al igual que toda la evolución, la vida original habría sido un accidente, resultado de alguna "sopa primordial" de sustancias químicas complejas entremezcladas. Y suponían que, con el tiempo y los avances de la ciencia, algún día podríamos llegar a reproducir esta primera chispa de la vida.

Es verdad que, 150 años más tarde, la biología y toda la ciencia en general, ha "evolucionado." Ha avanzado hasta tal punto que hoy en el siglo XXI sabemos cosas asombrosas que Darwin nunca podía haber ni imaginado. Pero aquí hay el pequeño problema: En lugar de demostrar que la evolución ha ocurrido por un proceso natural ciega, como la selección natural, en realidad lo que la ciencia demuestra es que la evolución NO puede haber ocurrido de forma ciega o automática. Al contrario, la evolución de las especies es un proceso *inteligente* y *transcendental.*

Diseño inteligente

Hoy en día hay cantidad de biólogos que se han dado cuenta de que la única explicación viable de lo que hemos visto en la evolución es que se trata del trabajo de una superinteligencia. Es obvio que la vida física ha sido *diseñada*. Resulta que incluso los seres vivos más simples son muchísimo más complejos de lo que Darwin jamás podría haber imaginado. Cada célula de cada ser vivo es un universo lleno de procesos complejos que operan con una exactitud asombrosa.

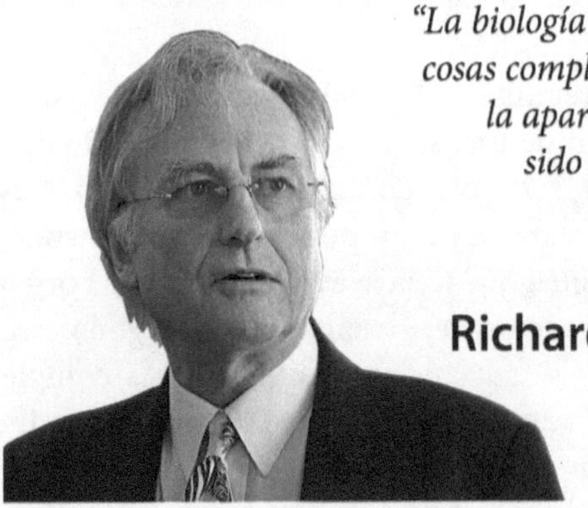

"La biología es el estudio de cosas complicadas que dan la apariencia de haber sido diseñadas para un propósito."

Richard Dawkins
(1941 -)
Biólogo, zoólogo

No es de extrañar que el biólogo famoso, Richard Dawkins, que es uno de los ateos más "militantes" de hoy en día, dijo: "La biología es el estudio de cosas complicadas que dan la apariencia de haber sido diseñadas para un propósito."

Yo diría más bien: Si tiene la *apariencia* de haber sido diseñado, ¡es que ha sido diseñado! Blanco y en botella, leche.

Yo no aprendí nada acerca de la reproducción de los mamíferos hasta los 11 años. O sea, ¡nadie me contó cómo se hacen los bebés hasta que era casi adolescente! Cuando por fin me enteré, ¿sabes lo primero que pensé? El sexo es como conectar un enchufe en una toma de corriente. Una cosa encaja con la otra. De verdad, pensé: ¿cómo es posible que haya gente que no crea en Dios, cuando aquí hay algo tan obviamente diseñado? Allí mismo está la prueba de que Dios existe, pero estamos tan acostumbrados a esto que no lo vemos. ¡Los árboles no nos dejan ver el bosque!

No solamente hay un evidente diseño inteligente detrás de todos los aspectos de los seres vivos, sino que la misma evolución es necesariamente *guiada* por esta misma inteligencia superior. Cada vez que el diseño de una especie cambia, NO se trata de ningún accidente o mutación al azar. ¡Es algo premeditado y preprogramado! Es que estos cambios o mutaciones son tan raros y complejos que nunca se podrían producir por accidente.

Muestra de esto es que la evolución no es algo constante y uniforme, como si subieras por una rampa suave donde el cambio es tan lento que es difícil notar cuándo termina una etapa y empieza la otra. Al contrario, en 1972 los científicos Stephen Jay Gould y Niles Eldredge demostraron que la evolución va por saltos. Es como subir una escalera; hay peldaños planos seguidos de un salto repentino. Decían que las especies pasan por largos periodos de estabilidad (estasis) donde casi no cambian, seguidos de breves estallidos de cambio rápido (breves en el sentido geológico, que igualmente pueden ser muchos miles de años).

Tan importante fue este descubrimiento, que este mismo Dr. Gould, quien fue paleontólogo, biólogo evolutivo e historiador de la ciencia, de la Universidad de Harvard, dijo: "La evolución darwiniana, como proposición general, está efectivamente muerta, a pesar de su persistencia como ortodoxia de los libros de texto."

"La evolución darwiniana está efectivamente muerta, a pesar de su persistencia como ortodoxia de los libros de texto."

Stephen Jay Gould
(1941 - 2002)
Paleontólogo, biólogo evolutivo

Ahora piensa un momento: ¿cómo fue la evolución de los automóviles, los coches? No fue un proceso gradual, constante y uniforme, como sería de esperar de la naturaleza, sino que ocurrió por saltos, por peldaños. Fue así porque los automóviles fueron diseñados e inventados por seres inteligentes, quienes introdujeron nuevas características mejoradas con cada nuevo modelo de coche. Lo mismo pasó con la evolución de los teléfonos móviles. Por supuesto, ha sido así con todos los inventos humanos que han mejorado con el tiempo.

Los seres vivos han sufrido exactamente el mismo tipo de evolución que los coches, los teléfonos móviles y los televisores (mira las ilustraciones adjuntas). Además, incluso el ser vivo más simple es infinitamente más complejo que cualquier televisor.

Si no dudamos que estas últimas cosas han sido creadas por una inteligencia, entonces, ¿cómo es posible que todavía haya personas que piensen que los animales no han sido diseñados?

La Evolución de los Coches

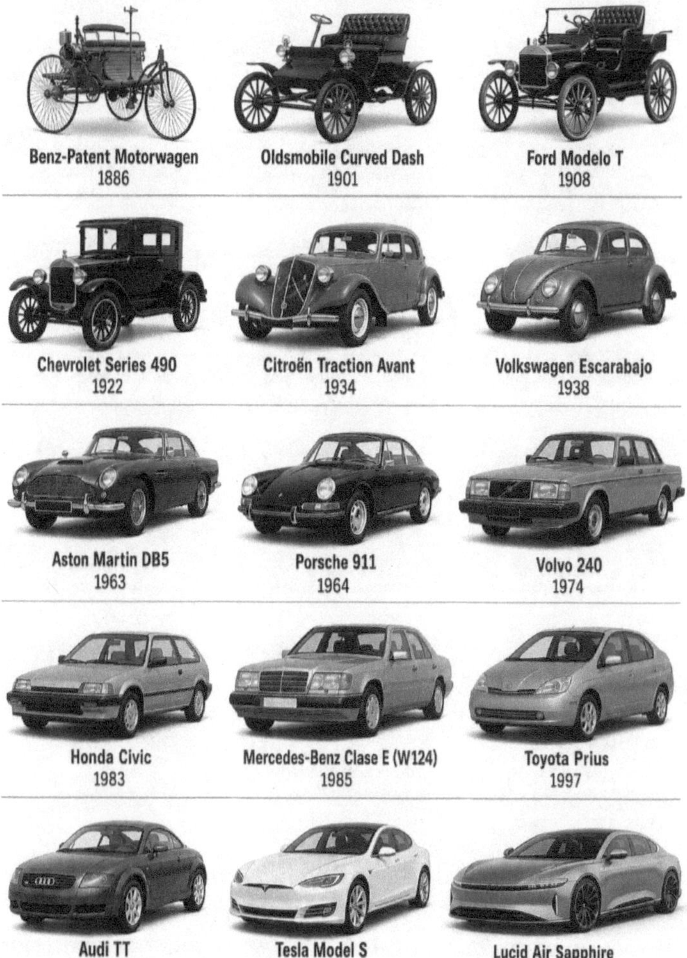

La Evolución de los Anuros

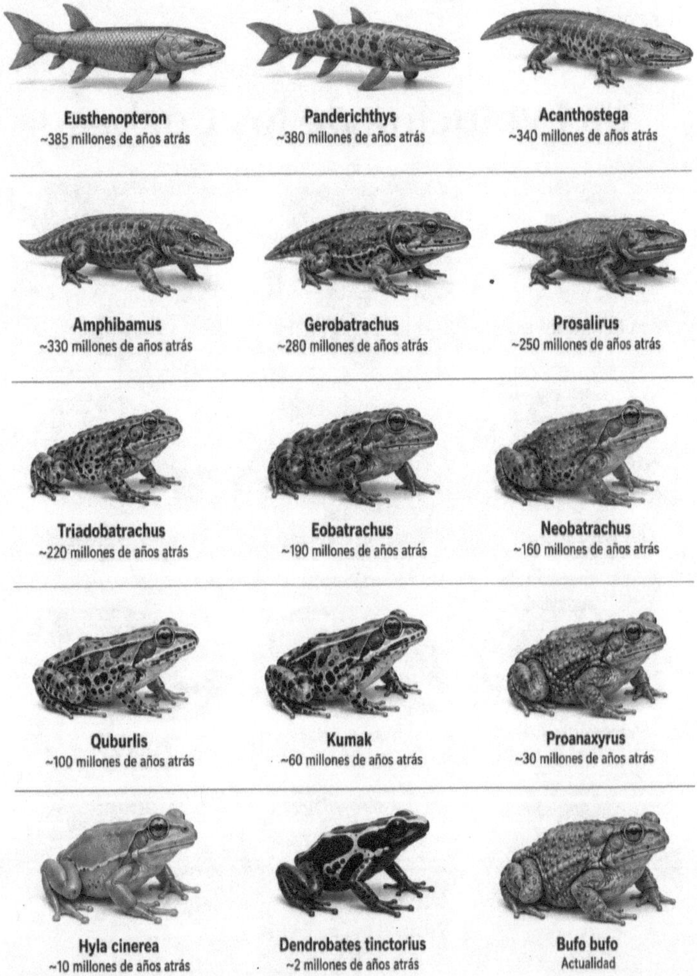

Me recuerda algo que dice la Biblia: "*Entiendan esto, gente necia; ¿cuándo, insensatos, lo comprenderán? ¿Acaso no oirá el que nos hizo los oídos, ni podrá ver el que nos formó los ojos?*" (Salmo 94:8-9).

¿Te acuerdas del Dr. Antony Flew (de quien hablamos en el capítulo anterior)? En su libro titulado *Dios Existe: Cómo Cambió de Opinión el Ateo Más Famoso del Mundo*, dice lo siguiente: "La única explicación satisfactoria del origen de la vida autorreplicante y dirigida con propósito, que vemos en la tierra, es una mente infinitamente inteligente." (p. 131-132).

"La única explicación satisfactoria del origen de la vida autorreplicante y dirigida con propósito, que vemos en la tierra, es una mente infinitamente inteligente."

Antony Flew
(1923 - 2010)
Filósofo

Fíjate en estas palabras suyas: *la vida... dirigida con propósito*. Esto nos lleva a un concepto que los filósofos llaman *evolución teísta*.

Evolución teísta

¿Qué es esto? También conocida como *creacionismo evolutivo*, es la idea de que es Dios quien guía la evolución de las especies. Después de todo, Dios es el autor de las leyes de la física y la biología, y Él estableció las condiciones iniciales para que el universo se desarrollara. Entonces el proceso de selección natural y mutación genética no es un accidente caótico, sino un mecanismo diseñado y guiado por Dios.

Actualmente, muchos científicos importantísimos, como el Dr. Francis Collins (¡quien fue el director del Proyecto del Genoma Humano!), son defensores de esta postura, argumentando que se puede admirar la complejidad del ADN como una "ventana" a la mente del Creador.

¿Cómo funciona la evolución? ¿Es guiada por selección natural "ciega", o por diseño sobrenatural? Vamos a simplificar la pregunta: ¿la evolución es ciega, o no?

La respuesta es NO, no es ciega, sino que es *teleológica*, que significa que tiene un propósito o meta final. Por necesidad absoluta, la evolución tiene que ser dirigida, ¡o nunca funcionaría! Esto es lo que la biología ha demostrado. Vamos a ver un ejemplo concreto de esto, de los muchos que existen:

Hoy en día sabemos que las aves surgieron de los dinosaurios terópodos. En otras palabras, por muy raro que parezca, los antepasados de las gallinas actuales eran de la misma familia de dinosaurios que el temido *Tiranosaurio rex*. ¡Imagínate! Pero antes de contar chistes sobre la pobre gallina que fue una decepción para sus antepasados, déjame decirte que al menos la gallina no es tan fea como algunos de sus abuelitos.

Antes hablábamos de la escalera de la evolución; que las especies cambian por saltos repentinos, aunque estos saltos tengan miles de años de duración en producir los cambios. (Estamos hablando de tiempo geológico, que es tiempo laaaaaaaargooooo). Entonces, en un "peldaño" de tiempo evolutivo, tenemos una especie de dinosaurio sin plumas, que no vuela. En el siguiente peldaño hay un dinosaurio que tiene plumas y sabe volar.

Entonces entre una especie, y el siguiente en la cadena, estos animales empezaban a desarrollar plumas, por primera vez en la historia. A lo largo de muchas generaciones, empezaban a salir un par de plumas grandes en sus codos y en sus colas. En otras palabras, mientras que algunos dinosaurios desarrollaban *armas* en sus colas (ejemplos: *anquilosaurio*, *estegosaurio*, *dodicuro*), a otros ¡les salieron el plumero! (mira las ilustraciones adjuntas).

Problemas con el Darwinismo

¿Ves el problema? Acuérdate de la teoría de la selección natural de Darwin: Cualquier cambio en una especie es un "accidente genético" (mutación) que proporciona una ventaja para sobrevivir. Está claro que desarrollar cuernos al final de la cola proporciona una ventaja frente a los depredadores, e incluso cuernos pequeños son mejor que ninguno, entonces mientras estos dinosaurios desarrollaban sus cuernos traseros, a medida que iban creciendo, eran cada vez más funcionales. Así como en el caso del cuello de la jirafa, del que hablamos antes.

Pero NO es así en el caso de los dinosaurios que desarrollaban alas. No puedes volar con media ala, o con un par de plumas solamente. Aquí no funciona la selección natural. Aquí no sirven de nada los atributos medio desarrollados. ¿Para qué sirve tener un par de plumas en los codos? ¿Para darle cosquillas al tiranosaurio que está a punto de devorarte?

Por supuesto, los darwinistas tienen sus teorías mediante las cuales intentan explicar estas cosas, pero son explicaciones débiles comparadas con lo que se puede ver claramente en los fósiles. Lo que vemos es que estos cambios progresivos en estos dinosaurios, tenían una meta, un propósito final, un *diseño premeditado*.

¿Colas Armadas?

La ciencia ha demostrado que estas especies, de alguna manera, "sabían" lo que hacían al crecer plumas: Era para seguir desarrollando, a lo largo de muchas generaciones, hasta tener alas y volar. Es obvio que esto no era ningún accidente ciego. Cada pluma individual es diseñada para la aerodinámica, ¡para volar! Claro que el dinosaurio en cuestión, el individuo, no creció plumas a propósito para volar. Él no sabía nada. Pero algo, o *alguien*, ¡sí que lo sabía!

La evolución, entonces, es un fenómeno teleológico, es un proceso que tiene una meta, un fin, un *propósito.* ¡Una especie "sabe" el resultado final antes de empezar a cambiar su genética!

El dinosaurio con plumas es solamente un ejemplo, de muchísimos casos más, de evolución teleológica o teísta. Otro ejemplo muy relacionado con el anterior es el caso de los famosos *pterosaurios.* Estos eran los dragones, los grandes dinosaurios voladores que no tenían plumas, pero volaron usando una gran membrana de piel bajo los brazos, como los murciélagos actuales.

Mira la ilustración adjunta de algunas especies de pterosaurios, y luego intenta imaginar cómo sería una de estas criaturas con las alas *medio* desarrolladas: con esta forma tan ridícula, lo tenía muy difícil correr, o nadar, o subir árboles. Hasta que por fin pudieron volar (después de miles de años de evolución), estaban yendo *en contra* de la supervivencia de los más hábiles. Según el Darwinismo, ¡sería un caso de evolución al revés!

Complejidad irreducible

Este caso de la familia de los pterosaurios, que hemos visto, es un ejemplo de lo que los biólogos llaman la *complejidad irreducible.* Es la observación de que hay muchas estructuras biológicas en los seres vivos que, si estuvieran solamente medio desarrolladas, serían inútiles, no servirían para nada.

Ejemplos de Pterosaurios

Entonces de ninguna manera pueden aparecer por la evolución ciega o accidental. Ya hemos visto un par de ejemplos de esto, pero quiero mencionar brevemente, un par de ejemplos más, ¡simplemente porque son casos muy interesantes!

El *escarabajo bombardero* no muerde ni pica para defenderse. En su lugar, dispara un chorro de químicos calientes por su abdomen. Este líquido alcanza casi los 100°C (212°F), el punto de ebullición del agua, y además es tóxico para sus depredadores. Lo más increíble es cómo no se quema a sí mismo. El escarabajo tiene dos depósitos separados en su cuerpo: uno con hidroquinonas y otro con peróxido de hidrógeno. Cuando necesita atacar, mezcla estos líquidos en una "cámara de reacción" especial, y añade enzimas que aceleran la reacción, provocando una pequeña explosión controlada. El chorro sale en pulsos muy rápidos (¡como una ametralladora!), lo que le da tiempo a la cámara para enfriarse entre disparos y no morir en el intento.

Aquí es donde la ciencia se pone interesante: ¡Imagínate cómo este insecto pudo haber evolucionado este aparato sin morir en el intento! Si el escarabajo hubiera evolucionado los químicos, pero no la cámara resistente, ¡habría explotado! Entonces la cámara tenía que desarrollarse antes. Y como la cámara sin los químicos exactos no le serviría de nada, no puede haber evolucionado según el sistema de Darwin.

El *pito real* (o *carpintero verde europeo*) es un pájaro que tiene la lengua tan larga que, cuando no la usa, no le cabe en la boca. Entonces *diseñó* una solución asombrosa: como la boca ya estaba ocupada y el cuello no podía guardar semejante longitud, la estructura que sostiene la lengua se divide en dos en la base, rodea todo el cráneo por detrás, pasa por encima de los ojos y se ancla en su fosa nasal. Esto le permite lanzarla como un dardo para atrapar hormigas en túneles profundos. Su lengua enrollada también sirve de amortiguador para proteger el cerebro de los golpes que da con el pico en la madera.

Si antes tenía la lengua corta como los demás pájaros e iba creciendo poco a poco con cada generación sucesiva, ¿cómo es posible que acabara enrollada de esta forma alrededor del cráneo? Tenía que haber alguna intervención externa inteligente para planificar este proceso.

Último ejemplo: el *mejillón lampsilis* tiene uno de los trucos más increíbles de la naturaleza. Ha desarrollado una parte de su cuerpo (su manto) que se parece exactamente a un pequeño pez. Este pez falso tiene ojos falsos, aletas falsas, y hasta se mueve como si estuviera nadando. ¿Para qué quiere parecer un pez? Para atraer a peces depredadores más grandes, como la perca. Cuando el pez grande intenta comerse al "pececito" falso, el mejillón lanza sus larvas (llamadas *gloquidios*), o sea, *sus bebés*, ¡directamente en la boca del pez depredador! Estas se enganchan a sus branquias para viajar y crecer antes de soltarse al fondo del río. Seguro que te das cuenta de que, si eres una especie que quiere sobrevivir, no es una buena idea lanzar tus bebés a la boca de un pez que quiere comerte. O el sistema tiene que ser perfectamente desarrollado a la primera, o muy pronto te habrás extinguido.

En el capítulo anterior vimos cómo ha habido científicos importantísimos que dejaron de ser ateos, cuando entendieron el milagro de la creación. Pues lo mismo también ha pasado con el tema del origen y diseño de la vida.

¿Te acuerdas de Fred Hoyle, el famoso astrónomo que iba en contra del Big Bang? ¿El que inventó el mismo nombre *Big Bang*? Pues adivina qué le pasó a este ateo, años más tarde. Pues sí, ¡él también dejó de ser ateo! No por el tema del Big Bang, sino por su posterior investigación sobre el milagro de la vida. Él dijo: "La noción de que ... el programa operativo de una célula viva podría obtenerse por casualidad en una sopa orgánica primordial aquí en la Tierra es evidentemente una tontería enorme."

También dijo lo siguiente: "Si se procede de forma directa y simple en este asunto, sin ser desviado por el temor de incurrir en la ira de la opinión científica, se llega a la conclusión de que los biomateriales, con su sorprendente medida de orden, deben ser el resultado del diseño inteligente. No he podido pensar en otra posibilidad." ¡Qué fuerte!

"...los biomateriales, con su sorprendente medida de orden, deben ser el resultado del diseño inteligente. No he podido pensar en otra posibilidad."

Fred Hoyle
(1915 - 2001)
Astrofísico

Más misterios

Con todo lo anterior, ni siquiera hemos tocado los problemas más fundamentales acerca del darwinismo. Uno de estos otros problemas es el tema de los *instintos*. ¿Cómo es posible que un pájaro sepa hacer un nido, si nadie le ha enseñado? ¡Tampoco nadie les enseña a los mamíferos recién nacidos dónde están las mamas de sus mamás!

Una oruga se pasa toda su vida comiendo hojas, pero cuando renace como mariposa, ¿cómo sabe a dónde ir y qué comer? ¿En qué parte del animal están grabadas estas instrucciones, y cómo se graban? ¿De qué manera surge luego esa información a partir de sustancias químicas en el cerebro?

El mismo Charles Darwin admitió lo siguiente: "Instintos tan simples como el de las abejas construyendo una colmena podrían ser suficientes para echar por tierra toda mi teoría."

"Instintos tan simples como el de las abejas construyendo una colmena podrían ser suficientes para echar por tierra toda mi teoría."

Charles Darwin
(1809 - 1882)
Geólogo,
biólogo evolutivo

Otro misterio de la evolución es el hecho de que, mientras algunas especies de animales han cambiado muy rápidamente a lo largo de los siglos, otras no han cambiado *nada* en muchos millones de años.

Mientras que el ser humano (*Homo Sapiens*) apareció hace solamente unos 300.000 años, las tortugas, las libélulas, y los cocodrilos han existido desde hace *cientos de millones* de años, casi sin cambiar. Han existido desde mucho antes de que existiera los grandes dinosaurios famosos como el *Tiranosaurio rex.* Son ejemplos de lo que llamamos "fósiles vivos." De hecho, ¡ya eran fósiles vivos cuando apareció el tiranosaurio! ¡Imagínate!

El *celacanto* (o *Latimeria*) era una especie rara de pez que existió durante mucho tiempo, entre hace 400 millones de años y hace unos 66 millones de años. Imagínate la sorpresa de un pescador en Sudáfrica en 1938, ¡cuando pescó uno de estos animales *vivo*! Y no es de extrañar, ya que los tiburones también han existido desde hace más de 400 millones de años. O sea, ¡desde antes de que existieran los *árboles*! ¡Incluso son más viejos que los anillos de Saturno!

Mas antiguo todavía son las medusas y el nautilo (una especie de pulpo primitivo con una concha), que han existido casi sin cambiar ¡desde hace unos 500 millones de años! Han sobrevivido a al menos cinco extinciones masivas.

¿Cómo es posible que existen estas especies en *estasis evolucionario*? Según las teorías actuales, los que han evolucionado rápidamente lo han hecho por necesidad, ya que sus entornos han cambiado rápidamente. Pero, según esta teoría, si un animal no evoluciona nada de nada, significa que su diseño ya habrá sido perfeccionado para su entorno en concreto, y su entorno, además, tiene que haber quedado *igual* durante muchos millones de años.

Sin embargo, a lo largo de la historia, *toda la tierra* ha cambiado mucho. Ha habido grandes eventos que cambiaron drásticamente al mundo entero, como por ejemplo lo causado por el asteroide que cayó a la tierra hace 66 millones de años, causando la extinción de los grandes dinosaurios, o las varias *edades de hielo* que ha habido en la Tierra.

Entonces, unas especies han evolucionado rápidamente, y otros simplemente pararon de evolucionar, como si el *ser inteligente* encargado del diseño y desarrollo de dicha especie, se puso vago, o se fue de vacaciones. O se interesó por otras especies.

La ley de la entropía

Espero que mucha gente atea llegue a leer este libro. Si es así, seguro que entre ellos habrá algunas personas que son muy listas, pero muy cabezudas a la vez. Dirán que hay algunas teorías científicas que explican, de alguna manera, muchos de los problemas acerca del darwinismo que acabo de enunciar. Se trata de los neodarwinistas. Tienen alguna explicación para todo misterio, por muy rara e improbable que sea alguna de estas teorías.

Entonces, yo mismo quiero adelantarme a ellos, y presentarte la hipótesis científica más tonta de todas las que he escuchado en mi vida. Pero antes, como introducción, tenemos que hablar de una ley científica, una ley de la física ya establecida. Se llama la *Segunda Ley de la Termodinámica*, también conocida como la ley de la *entropía*.

La Segunda Ley de la Termodinámica es, básicamente, la regla que explica por qué el universo tiende naturalmente al caos y al desorden.

Imagina que rocías un poco de perfume en una esquina de tu habitación. Al principio, el olor está concentrado en un solo punto (ordenado). Pero, en cuestión de minutos, las moléculas se dispersan por todo el aire hasta que toda la habitación huele igual. El aroma se "desordena" al mezclarse con el aire. Nunca verás que el perfume se junte mágicamente de nuevo para volver a meterse dentro del frasco por sí solo. La ciencia llama a ese desorden, *entropía*. La ley dice que, en cualquier proceso natural, la entropía, o desorden, siempre aumenta. El universo siempre prefiere el desorden, en lugar de la perfección.

Esta ley también dicta que la energía prefiere estar "repartida" en lugar de concentrada en un solo lugar. Por eso, el calor siempre viaja de lo más caliente a lo más frío. Si dejas una taza de café caliente sobre la mesa, el calor se escapará hacia el aire más fresco de la habitación hasta que ambos tengan la misma temperatura. La energía se dispersa.

Incluso se dice que esta ley es la que marca la dirección del tiempo, el hecho de que el tiempo se mueva hacia adelante en lugar de moverse hacia atrás. Podemos ver un vaso de cristal romperse (el orden se convierte en desorden), pero nunca vemos los pedazos de un cristal unirse solos para volver a ser lo que eran. Gracias a esta ley, sabemos que el tiempo solo avanza hacia un futuro con más entropía. El universo es como una habitación que se desordena sola si no haces el esfuerzo constante de limpiarla. Mantener el orden requiere energía, pero el desorden ocurre por pura naturaleza.

Ahora, aquí viene lo increíble: Con lo que acabamos de hablar, piensa ahora en la evolución: ¡Es la creación y desarrollo de seres vivos cada vez *más* complejos, sofisticados, y organizados! En otras palabras, ¡va en contra de la ley de la entropía!

Okey, de acuerdo, *técnicamente* no va en contra, ya que, para crear esta entropía al revés, en realidad los organismos vivos crean más entropía a su alrededor. "Malgastan" mucha energía de su entorno para crear menos entropía dentro de sus células.

Pero piensa en lo increíble que es esto: Mientras que el universo tiende al desorden (entropía alta), la vida se caracteriza por un orden, una estructura y una complejidad extrema. Paga un precio muy alto en energía para mantener esta organización interna. En cada paso de la evolución, la vida misma lucha contra la muerte, fuertemente. Es una lucha cuesta arriba. Es remar contra corriente. Esto, amigo, es el *milagro* de la vida.

Sin una intervención sobrenatural, la vida no puede haber surgido de la nada por sí sola. Ni puede haber aparecido la primera célula viviente, ni puede haberse desarrollado tanto como lo ha hecho. Es imposible.

Ahora, lo prometido es deuda. Dije que te voy a contar "la hipótesis científica más tonta de todas las que he escuchado en mi vida". Se trata de la reciente hipótesis acerca de por qué "el universo" creó la vida, según el biofísico Dr. Jeremy England (¡lo siento, Jeremy!). A pesar de lo estúpido que suena (en mi "humilde" opinión), resulta que es actualmente la hipótesis número uno, la más importante acerca de por qué la vida apareció en el universo. Tanto es así que algunos le llaman a Jeremy England el "nuevo Charles Darwin".

La hipótesis tonta

Dr. England propone la idea de que la vida es el *resultado inevitable* de la mismísima segunda ley de la termodinámica, de la que acabamos de hablar. La vida surgió por *necesidad termodinámica*. En otras palabras, a pesar de que la evolución parece ir en contra de la ley de la entropía, en realidad, se trata de una manera muy *sofisticada* de obedecer esta misma ley de la física.

Como hemos visto, para mantener su forma y orden, un ser vivo tiene que utilizar, o disipar, muchísima energía. La hipótesis del Dr. England dice que un ser vivo, entonces, es una estructura o máquina disipativa de la energía. La evolución es, esencialmente, una forma de encontrar máquinas, o motores, cada vez más eficientes para capturar y esparcir la energía. Un bosque es mucho mejor capturando energía solar y convirtiéndola en calor (aumentando la entropía) que un desierto estéril. Por lo tanto, el surgimiento de la vida compleja en realidad acelera el aumento general de la entropía en el universo, cumpliendo con la Segunda Ley de la Termodinámica, incluso cuando los organismos individuales se vuelven más organizados.

Ahora voy a traducir todo esto en lenguaje normal. "Física para *Dummies*": Básicamente, esta gran idea científica moderna dice que el universo está haciendo todo lo posible para obedecer las leyes de la física, de la manera más CREATIVA e INTELIGENTE posible. A través de la creación de la vida misma, y el complejo diseño de las criaturas vivientes.

Piénsalo un momento. De verdad. Piensa. ¿Acaso el universo es así de *inteligente*? ¿Te das cuenta de por qué llamo "tonta" a esta hipótesis? Los científicos que apoyan esta idea están suponiendo que Dios no existe, entonces tienen que encontrar otra explicación acerca de por qué apareció la vida. Esta explicación alternativa dice que el universo creó la vida, porque estaba *pensando* y *razonando* a ver cuál sería la mejor manera, la manera más compleja y original, de obedecer una ley de la física en particular.

¿Tan importantes son las leyes de la física que el universo tiene que *razonar* a ver cómo va a cumplir con dichas leyes? ¿Quién ha escrito las leyes de la física? ¿Y quién las hace cumplir? ¿Quién ha *hecho* los *hechos* científicos?

La hipótesis del Dr. England es como decir que la vida no fue creada por Dios, sino por una especie de superinteligencia no humana y trascendente. Yo a eso lo llamo *Dios*. Es el mismo Dios Creador que hemos definido al principio del libro.

Ahora, la gran sorpresa final: Resulta que el Dr. England NO es un ateo. ¡Él sí que cree en Dios! Pues además de ser un científico, resulta que es también ¡un *rabino judío*! ¡No es broma! ¡Ni un autor de ficción podría inventar estas cosas! Mientras que el mundo académico cree que él ha demostrado que Dios no creó la vida, en realidad terminó demostrando que sí lo hizo. ¡Muy listo, Jeremy!

¿Por qué la evolución?

Hoy en día todavía hay personas, tanto creyentes como ateos, que ven la evolución como un fenómeno anti-Dios. Pero en realidad, el hecho de que la vida en la tierra ha evolucionado, y la *manera* en que ha evolucionado, es una de las pruebas más irrefutables de que Dios existe, como hemos visto. Toda la vida emana, radia, de Dios. Todo ser viviente que tiene la chispa de la vida procede de Dios. Solamente la vida puede crear más vida.

La ciencia ha demostrado que el Darwinismo (o evolución ciega) es falso. Pero la ciencia también ha demostrado que el *creacionismo* (la idea de que Dios creó la vida y todas las especies a la vez, de golpe), también es falso.

Por otro lado, la ciencia ha demostrado como verdaderas tanto la creación como la evolución. Ambas cosas son ciertas. Dios diseñó la vida a través de un proceso evolutivo. Es la evolución teísta.

Entonces podrías preguntar: ¿Por qué Dios eligió desarrollar la vida de esta manera tan larga y complicada? Si yo fuera él, crearía toda la vida de golpe, "con un chasquido de dedos". Así, la gente, al ver lo que pasó, creería en Dios. Pues, amigo, así es como Dios creó el universo: de golpe, con un chasquido de dedos, y todavía hay gente que no cree en él.

Okey, bien. Pero igualmente, si Dios tenía el poder de crear todas las especies de golpe, ¿por qué no lo hizo, en lugar de malgastar millones de años en hacerlo?

¿Acaso Dios tiene prisa? ¿Alguien lo estaba esperando, diciéndole que se diera prisa, porque la cena se estaba enfriando? "Venga, que llegas tarde a la cita con el dentista." ¿Cuánto tiempo tiene Dios? (El que inventó el tiempo). ¡Tiene todo el tiempo del universo! ¿Qué más tiene que hacer con su tiempo? ¡Si ni siquiera duerme! Si tú vivieras eternamente, quizás también te gustaría encontrar algún pasatiempo que valiera la pena y que durara millones de años.

La existencia de la vida física nos muestra que Dios no solamente está fuera y alejado del universo, sino también *dentro* del universo, involucrado con su creación. Lo sigue trabajando y dirigiendo.

Hace unos años, a mi querida mujer se le ocurrió la gran idea de cultivar tomates en nuestro jardín. Cada día pasaba horas quitando hierbas, plantando semillas y echando mucha agua en la tierra. Luego, después de muchas semanas, cuando por fin aparecieron tomates, tenía que luchar contra los insectos y los pájaros, que querían comer nuestros tomates antes que nosotros.

Mucho trabajo veía yo, que soy una persona práctica. Con el mismo dinero que habíamos gastado en agua de riego, ¡podríamos haber comprado tomates grandes y bonitos en el supermercado! Pero entonces, decía mi mujer, ¿dónde está el gozo, la felicidad, en hacer esto? Ella no cultivaba tomates por razones prácticas, sino como *hobby*. A algunos les encanta la jardinería. Para ellos es un pasatiempo placentero.

En el famoso poema de la Creación, que encontramos en el primer capítulo de la Biblia, dice que Dios, después de crear cada grupo de seres vivos, miró y "consideró que esto era bueno." En otras palabras, le gustó el trabajo que estaba haciendo. Le complació hacerlo. Imagínate a Dios cuidando a su creación como alguien cuida un jardín, haciendo pequeños cambios y actualizaciones en los seres vivos que él ha creado, a lo largo del tiempo. Con mucho amor y cuidado. Con algunas especies (tiburones, tortugas, etc.) Dios estaba ya satisfecho con su diseño, y no quiso cambiarlos más. Con otras especies, como nosotros los seres humanos, Dios quiso trabajar más rápidamente e intensamente en nuestro desarrollo, ya que nosotros somos la *mejor parte* de su proyecto.

Esto nos lleva al tercer milagro, la tercera prueba irrefutable de que Dios existe…

Prueba 3:
EL MILAGRO QUE ERES TÚ

La película *The Matrix* es una obra maestra de la ciencia ficción que mezcla filosofía y acción. Popularizó la idea de que vivimos en un universo falso. Que todo lo que tú has experimentado en la vida es, en realidad, una mentira.

En esta película, mientras que los seres humanos en la Tierra creen que viven unas vidas normales, sus cuerpos físicos están atrapados en cápsulas, siendo utilizados como fuente de energía para las máquinas inteligentes en un futuro distópico. Todos los seres humanos nacen, viven y mueren en estas cápsulas, sin jamás caminar, ni comer, ni hablar. Mientras tanto, sus mentes, su consciencia, viven en una realidad virtual que imita la vida cotidiana que conocemos hoy. Es una realidad simulada.

Obviamente se trata de una historia de ficción, pero ¿sabes que existe una hipótesis científico-filosófica seria, llamada la *Teoría de la Simulación*?

Teoría de la Simulación

Imagina por un momento que la realidad que percibes no es más que un *software* extremadamente avanzado. Que nuestro universo (las estrellas, los planetas, tu bate de beisbol, y tú mismo) no está hecho de materia "sólida", sino de información digital. Básicamente, seríamos personajes dentro de un videojuego hiperrealista jugado por una civilización mucho más avanzada (a los que podemos llamar "post-humanos").

El filósofo Nick Bostrom es quien le dio forma moderna a esta idea. Él propone un dilema de tres opciones. Según él, al menos una de estas tiene que ser cierta:

1) Nos extinguiremos antes de llegar a tener la tecnología para crear simulaciones del universo.

2) Llegaremos a tener la tecnología en un futuro lejano, pero nunca nos interesará simular a nuestros ancestros.

3) Ya estamos viviendo en una simulación.

¿Por qué la tercera? Porque si una civilización llega a ese nivel tecnológico, crearía miles de millones de simulaciones. Estadísticamente, habría muchísimas más realidades simuladas que realidades "base". Por lo tanto, ¡lo más probable es que seamos una de las copias!

Los defensores de esta teoría dicen que hay "pistas" en la física que parecen errores de programación o límites de hardware. Esto explicaría la existencia de las leyes de la física de las que hemos hablado antes en este libro. Por ejemplo, la velocidad de la luz podría interpretarse como el límite de procesamiento del ordenador. Nada puede ir más rápido porque el procesador del universo no puede calcular datos a mayor velocidad.

Otro ejemplo seria la *Longitud de Planck*: Es la distancia más pequeña posible en el universo. Muchos dicen que esto es como la resolución o el "píxel" de nuestra realidad. Más allá de eso, el "renderizado" no existe.

Luego hay todo el tema de la *física cuántica*: El hecho de que las partículas se comportan de forma distinta cuando las observamos parece un truco de optimización, igual que en los videojuegos modernos donde solo se renderiza lo que el jugador está mirando, para ahorrar memoria. (Así es como funcionan nuestros sueños nocturnos también).

¿Por qué alguien nos simularía? Podría ser por muchas razones. Por ejemplo, la investigación histórica, para ver cómo resolvimos crisis climáticas o guerras. O un cálculo masivo para predecir el futuro, probando millones de variables. O simplemente como entretenimiento, como si fuéramos un *Sims* a nivel galáctico.

La teoría no dice que el mundo sea "falso", sino que la naturaleza de nuestra realidad es digital en lugar de física. Es una forma moderna de hacernos la pregunta más antigua de la humanidad: ¿De dónde venimos y qué es lo que realmente somos?

¿Qué pasa si toda esta vida es un sueño? ¿Qué pasa si estás dentro de algún tipo de máquina de realidad virtual? ¿Qué pasa si ni tu propio cuerpo es real? La verdad es que no podemos estar seguros de que nada en este universo físico sea real. No hay manera de saberlo a "ciencia cierta". ¡No puedes estar 100% seguro de que lo que hay a tu alrededor exista de verdad!

Piénsalo: la *única* cosa de la que puedes estar seguro que existe es tu propia mente, tu *consciencia*. Es la parte de ti que piensa, que observa y reflexiona. El "yo". Yo pienso, luego existo. De esto estoy seguro.

"Cogito, ergo Sum"

René Descartes (1596 - 1650) fue uno de los filósofos más importantes de la historia. Es considerado el padre de la filosofía moderna. Fue matemático también. Fue Descartes quien dijo una de las frases más célebres de toda la historia de la filosofía: "Cogito, ergo sum", una frase en latín que significa "pienso, luego existo". Básicamente significa que si puedes pensar, y estás consciente de que puedes pensar, y razonar y filosofar, entonces sabes que tú mismo existes, incluso si nada más existiera. Descartes dijo: "Para buscar la verdad, es necesario dudar, en cuanto sea posible, de todas las cosas, alguna vez en la vida." Descartes se consideraba un cristiano, y creía que la mente humana (consciencia) es de una sustancia completamente aparte de la materia física.

"Para buscar la verdad,
es necesario dudar,
en cuanto sea posible,
de todas las cosas,
alguna vez en la vida."

René Descartes
(1596 - 1650)
Filósofo,
matemático

Cuando yo (Adrian, el autor) era un niño, me pasaba algo muy extraño: Cada vez que estaba solo, empezaba a dudar de la existencia de todo, menos de mí mismo. Empezaba a "despertar" de esta realidad, a darme cuenta de que toda esta existencia no era más que un sueño. Era algo terrorífico para mí, porque no era un pensamiento tipo "a ver si solo estoy soñando esta realidad", sino que era un *despertar*. ¡Realmente empezaba a despertar del sueño de esta vida actual! Nunca llegué a despertar del todo, porque darme cuenta de que no existían mi familia, mi casa, ni todo lo que conocía era demasiado traumático para mí; me quedaba congelado de terror. Es que yo *sabía* algo que los adultos no sabían, y era imposible convencerlos de ello, ya que ellos mismos eran parte de la ilusión de esta vida.

Esta experiencia es algo que nunca supe describir del todo. Cuando llegué a ser adulto, aprendí que en la psicología existe algo relacionado, llamado *desrealización crónica*, pero no sé si era esto exactamente, ya que algunos síntomas no encajan. Además, lo mío empezó cuando era muy pequeño, y poco a poco iba disminuyendo a medida que crecía, hasta que en la adolescencia esta maldición (¿o don?) llegó a desaparecer del todo. Parece que al final llegué a estar demasiado atrapado dentro de este "Matrix" donde nos encontramos. En fin, esta experiencia es lo que me hizo empezar la misión de mi vida entera: Buscar la VERDAD. A toda costa. No importa si la verdad es difícil de tragar, quiero saber, y quiero saberlo todo.

¿Sabes que la existencia de la *consciencia*, o *mente* humana, sigue siendo uno de los misterios más grandes de la ciencia? (Junto al origen del universo y el origen de la vida, que hemos hablado ya en este libro). A pesar de todos los avances tecnológicos del siglo XXI, los científicos siguen sin saber qué es, exactamente, la consciencia. Tenemos una vida interior, una *experiencia personal* acerca de nosotros mismos y del mundo a nuestro alrededor. ¿Pero cómo explicar cosas tan simples como nuestra percepción personal del color rojo, por ejemplo?

Te puedo decir que el color rojo es la banda de radiación electromagnética que ocupa el extremo de menor energía y frecuencia del espectro visible, situándose inmediatamente antes de la radiación infrarroja. Te puedo decir que sus ondas tienen una longitud de entre 625 y 740 nanómetros, y una frecuencia de entre 405 a 480 terahercios. Incluso podemos programar a un robot con estos datos para que reconozca el color rojo y lo nombre correctamente. ¿Pero lo está percibiendo de la misma forma que nosotros *experimentamos* este color? ¿Cómo le explicas el color rojo a alguien que nació daltónico? (Sin la habilidad de ver colores). ¿Y cómo sé si lo que yo percibo y llamo rojo es lo mismo que tú percibes cuando ves algo del mismo color?

Estamos actualmente en medio de una explosión de I.A. – la *Inteligencia Artificial.* Las máquinas ya son más inteligentes que nosotros, y los científicos y filósofos de la informática están hablando de un inminente nacimiento de la I.A.G. – la *Inteligencia Artificial General* – el momento en que las máquinas llegan a tener una autoconsciencia, una capacidad de sentir y entender el mundo de una manera "real".

El problema es que los científicos ni siquiera pueden definir lo que es la I.A.G. No se ponen de acuerdo en cuanto a cómo sabrán de verdad si hemos llegado a este punto o no en la evolución de las máquinas. ¿Cómo podemos saber jamás si un ordenador realmente tiene autoconsciencia? Nos podrán llegar a imitar perfectamente en todos los aspectos, pero ¿cómo sabríamos si realmente llegan a ser *sintientes*? Después de todo, ¡ni siquiera sé si *tú* eres sintiente de verdad!

El "Problema Difícil"

Los científicos no se ponen de acuerdo en la definición de la palabra *consciencia.* En español el problema es peor, ya que hay otra palabra casi igual, *conciencia* (sin "s") que significa otra cosa.

Conciencia (sin "s") se refiere a tu guía o compás moral interior. Cuando te juzgas a ti mismo y te da vergüenza si has hecho algo mal. En la película de Disney, era el "Pepito

Grillo" dentro de la cabeza de Pinocho.

Por otro lado, *consciencia* (con "s") es estar despierto, atento, y reconocer la realidad que te rodea. Si te desmayas, pierdes temporalmente la consciencia. Es, básicamente, *darse cuenta.* Es esa "luz interior" que se enciende cuando te despiertas por la mañana. No es solo ver, oír o sentir, sino saber que *tú* eres el que está viendo, oyendo y sintiendo. Es saber que estás vivo. Tu consciencia es la parte de ti que piensa y sabe que tú existes.

¿Por qué no somos simplemente "zombis filosóficos"? Es decir, seres que actúan, hablan y procesan información perfectamente, pero que por dentro están "apagados" y no sienten nada (al igual que una inteligencia artificial). Nadie sabe todavía cómo la materia física (neuronas y átomos) puede crear algo tan inmaterial, tan *espiritual*, como un sentimiento o un pensamiento.

La mayoría de los científicos y neurocientíficos coinciden en que el cerebro humano es el objeto más *complejo* que existe en *todo el universo.* ¡Sin exagerar! Los científicos saben que nuestros pensamientos y memorias tienen algo que ver con nuestro cerebro, pero a la vez existe un misterio enorme acerca de cómo es posible que el procesamiento físico de datos en el cerebro da lugar a una vida interior *consciente.*

Este misterio es lo que el filósofo David Chalmers llamó el *problema difícil de la consciencia.* El problema difícil no es sobre el funcionamiento del cerebro, sino sobre la *experiencia subjetiva,* lo que los filósofos llaman *qualia:* El "rojo" del rojo, el olor del café, el dolor de un amor perdido, etc. ¿De dónde salen estas experiencias subjetivas? ¿Por qué se siente como algo el hecho de ser tú?

La respuesta es que nuestra consciencia NO es algo físico, sino algo inmaterial, algo espiritual. Se trata de nuestra *alma*. Y esto ¡ya está demostrado!

El alma humana

Cuando leemos la palabra *alma* en el Nuevo Testamento de la Biblia, está traducida de la palabra griega antigua, *psuchē*. Esta es la misma palabra de donde viene nuestra palabra *psicología*. Entonces, tu alma es tu psicología, es la parte de ti que piensa y razona y experimenta la vida. Es algo *inmaterial* por definición.

En febrero de 2025 tuve el placer de conocer en persona al neurocientífico Dr. Michael Egnor, quien es un famoso y galardonado cirujano del cerebro, quien ha hecho más de 7000 intervenciones quirúrgicas cerebrales.

El Dr. Egnor es uno de los científicos que está más en la frontera del conocimiento actual acerca de la consciencia humana. Recientemente ha escrito (junto con la periodista científica Denyse O'Leary), un libro asombroso, titulado, en inglés: *The Immortal Mind: A Neurosurgeon's Case for the Existence of the Soul* (La mente inmortal: los argumentos de un neurocirujano a favor de la existencia del alma).

En esta obra innovadora, Michael Egnor presenta pruebas convincentes que sugieren que la mente *trasciende* el cerebro físico, señalando la existencia de un *alma* espiritual. Su libro habla de pacientes que se someten a cirugías cerebrales estando despiertos, investigaciones sobre gemelos siameses que comparten partes de sus cerebros, individuos en coma profundo que aún pueden comunicarse, y sus perspectivas sobre experiencias cercanas a la muerte y la inteligencia artificial.

Dr. Egnor comenta lo siguiente: "Como muchos científicos,

me habían formado para creer que el alma es un mito y que la mente no es más que el cerebro; es decir, una máquina física. Sin embargo, cuanto más investigaba, más descubría que estos supuestos hallazgos de la ciencia eran mitos. Los hallazgos reales apuntan en otra dirección."

"...cuanto más investigaba, más descubría que estos supuestos hallazgos de la ciencia eran mitos. Los hallazgos reales apuntan en otra dirección."

Michael Egnor
(1955 -)
Neurocirujano

En el seminario donde lo conocí, en Dallas, Texas, el Dr. Egnor nos mostró a su audiencia los datos de sus casos más extraños, incluyendo unas radiografías de dos pacientes suyos que ¡no tienen cerebro! Ambos nacieron casi sin cerebro y, sin embargo, han podido vivir vidas casi normales.

Estas son algunas de las pruebas de que tu consciencia está en alguna otra parte, y tu cerebro no es más que una especie de *receptor* de la consciencia. Es como si tu cerebro fuera un televisor que recibe la señal de la estación de TV. Si rompes la tele, ya no puedes ver la imagen. Pero esto no significa que hayas destruido el programa de TV que está siendo emitido.

La prueba de la consciencia

En el capítulo anterior hablamos mucho acerca de los

distintos problemas y complicaciones del tema de la evolución darwiniana. Pues otro aspecto de todo esto es precisamente la increíble capacidad de la mente humana. ¿Cómo es posible que una de las especies de seres vivos en este planeta haya podido desarrollar algo así? La facultad de pensar profundamente, de filosofar, de estar *consciente* de lo que uno es, de que hay un pasado y un futuro, de que vamos a morir, etc. Es verdad que la *inteligencia* tiene mucha utilidad evolutiva, ¿pero la *consciencia*? Desde el punto de vista de la evolución ciega, para la sobrevivencia de la especie, la consciencia realmente no tiene mucha utilidad.

Sin embargo, aquí estamos, los seres humanos, con una superfacultad *trascendente* que nos eleva muy por encima de los otros seres vivos físicos. Se trata de nuestro lado *espiritual.*

La existencia de la mente, o consciencia humana, es la prueba más grande de que Dios existe (junto a las dos anteriores de las que ya hemos hablado en este libro). ¡Es precisamente nuestra mente, o *alma*, lo que nos hace conscientes de la existencia de Dios!

Es un hecho de la psicología que hay seres humanos que han tenido, y siguen teniendo, experiencias profundamente místicas o religiosas, como si estuvieran en comunicación con un ser superior. Prácticamente todas las religiones del mundo empezaron porque una o más personas tuvieron una experiencia profunda y personal con algún ser superinteligente (tradicionalmente llamado ángel o dios), que les comunicó algún mensaje especial o les dio alguna instrucción especial. Este fenómeno de los encuentros místicos sigue hasta hoy día, según el testimonio de literalmente millones de personas.

A propósito, algunos creen que estos seres superiores son criaturas físicas extraterrestres. Pero, aunque existiera la vida en otros planetas, esto no cambia para nada el hecho de que un ser soberano, eterno y por encima de todo, creó el universo y toda la vida en él. Aunque hubiera vida en otros planetas, incluso vida superinteligente que originara la vida en la Tierra (según una teoría popular), estaríamos igual: ¿quién, entonces, los creó a ellos?

Curiosamente, toda la evidencia moderna acerca de los UAP (Fenómenos Anómalos No Identificados, anteriormente conocidos como OVNIs) apunta más a unos seres *espirituales* que a extraterrestres físicos. Pero esto es otra historia para otro libro.

El ateísmo no existe

¿Sabías que hay científicos que piensan que el verdadero ateísmo no existe? Ser ateo es psicológicamente imposible, debido a la manera en que los humanos piensan. Incluso han identificado genes que nos dan una predisposición para tener experiencias místicas o religiosas. Otra vez, desde un punto de vista evolutivo, no tiene sentido, a no ser que para *alguien* fuera muy importante que tuviéramos esta capacidad. ¡La verdad es que Dios nos diseñó para creer en Él!

Se sabe que la mente humana nace como creyente, no como ateo. ¡Nadie nace ateo! ¿Quién nos habrá creado así? Desde el nacimiento los seres humanos buscamos el orden y el sentido de las cosas. ¡Lo contrario de la *entropía*!

Los psicólogos han hecho estudios para demostrar que la mayoría de los "ateos" en realidad tienen creencias religiosas escondidas. A veces ni ellos lo saben, hasta que pasan por alguna circunstancia trágica en la vida. Por ejemplo, como defecto creemos en una especie de *karma* o justicia cósmica.

"El Universo" de alguna forma tiene un propósito para la humanidad. De allí sale el concepto del bien y el mal.

A pesar de lo que los ateos dicen, los psicólogos afirman que todo concepto de moralidad viene de un concepto de Dios, alguien que está por encima de nosotros. Sin Dios, no habría una moralidad tal como lo conocemos. ¡No existiría el bien y el mal! Entonces, cuando oyes a un ateo decir: "esto está mal", o que quiere ayudar a alguien, o ser "bueno" de alguna manera, es porque, profundamente escondido en su psicología, está el concepto de algún tipo de justicia mayor, destino o karma.

Fíjate que el 99% de todas las historias que jamás han sido creadas por seres humanos en toda la historia (cuentos de hadas, novelas de ficción, películas, etc.) contienen la idea de que existe esta "justicia cósmica". El 1% de las historias donde no es así, nos estorban, nos molestan (como es el caso de algunas películas de terror). Es porque *sabemos*, profundamente en nuestra consciencia, en nuestra alma, sabemos que hay algo por encima de nosotros, quien nos vigila, quien nos juzga. ¡Sabemos que Dios existe!

No solamente es la existencia de la consciencia prueba de la existencia de Dios, sino también lo es el hecho de que esta consciencia nuestra es *curiosa*. Usamos nuestra inteligencia no solamente para buscar cómo sobrevivir (como todos los seres vivos), sino que buscamos el conocimiento en sí. Queremos saber todo acerca de la realidad a nuestro alrededor, acerca de la creación. Buscamos un propósito en la vida, y hasta buscamos a Dios. Fíjate cómo la humanidad tiene una obsesión con la búsqueda de vida en otros planetas. Queremos *saber*.

El Dream Matrix

Ya he hablado acerca del extraño fenómeno que me pasó de niño: *sabía* que esta vida solo es un sueño. Llevo toda mi vida buscando una respuesta a esto. Finalmente, en 2014, hice lo que considero el mayor descubrimiento de mi vida: lo que tradicionalmente se conoce como "el mundo de los espíritus" es el *mismo* lugar al que vamos cada noche en los sueños. ¡El mundo de los sueños ES el mundo de los espíritus! Es el lugar donde vive tu alma, que es tu consciencia. Como llegué a este descubrimiento es una larga historia, ¡otro tema para otro libro!

Al descubrir la verdadera naturaleza de lo que todas las culturas en todos los tiempos han hecho referencia, tuve que inventar un nuevo nombre para ello: El *Dream Matrix* (La Matriz de los Sueños). Esto es porque, si lo llamo "el mundo de los espíritus", la gente religiosa típicamente tendrá mucho miedo de ello debido a sus tradiciones y supersticiones. Por otro lado, si lo llamo "el mundo de los sueños", la gente pensará que es algo que no existe, que solamente es nuestra imaginación.

Ni una cosa ni otra. Los sueños no son *solamente* sueños. Ni tampoco las visiones son solamente "alucinaciones" u otros fallos del cerebro. Ambos vienen de otra realidad, que no es menos real que la realidad que conoces. No se trata de un lugar físico, sino un lugar *espiritual*, y tú consciencia esta allí. Por esto, los científicos como el Dr. Egnor han cortado los cerebros en trocitos y nunca han encontrado la mente, los pensamientos, la consciencia, el alma. Es porque tu alma no está dentro de tu cuerpo, es un *campo de consciencia* que no tiene un lugar físico. Desde allí tenemos nuestro verdadero *ser* y experimentamos la vida.

Durante el día, nuestra alma percibe el mundo físico a través del cuerpo físico. Durante la noche, el alma se desconecta del cuerpo (el nombre científico para este proceso es *atonía del sueño REM*), y empieza a tener todo tipo de experiencias, vivencias y aventuras. En ambos casos, tanto de día como de noche, nuestra consciencia está *creando el mundo a nuestro alrededor*. De día utilizamos como base de esta creación la información que nos llega a través de los sentidos físicos. De noche, lo creamos a partir de otros elementos del Dream Matrix, que a veces, son otras consciencias o almas tanto de aquí como del más allá. Como digo, ¡esto tendrá que ser tema para otro libro!

Resulta que la consciencia es ¡la *clave* de la propia realidad! Y no, no estoy loco. Los científicos en los campos más avanzados están investigando la relación entre el universo físico de ahí fuera y la consciencia de aquí dentro. Están descubriendo una relación absolutamente *sobrenatural* entre las dos cosas, de forma que la existencia del mismo universo parece depender de su interacción con la consciencia inteligente. ¡Como si todo este universo físico fuera el Dream Matrix de Dios!

El Principio Antrópico Participativo

Los físicos teóricos son los que formalizan las teorías acerca de la naturaleza misma del universo. El Dr. John Wheeler (que murió en 2008) fue uno de los físicos teóricos más importantes del siglo XX. Fue uno de los inventores de la bomba atómica, y fue él quien popularizó el concepto del agujero negro. Su teoría científica más increíble es conocida como el *Principio Antrópico Participativo (PAP).*

Ya hemos hablado del Principio Antrópico en un capítulo anterior: El universo parece estar "ajustado" con una precisión increíble para que la vida exista. Si la gravedad fuera un poquito más fuerte o los átomos un pelín más débiles, no estaríamos aquí. Pero Wheeler llevó esta idea más allá. Él no decía solamente que el universo es apto para nosotros, sino que nosotros somos *necesarios* para el universo. Esto es el aspecto *participativo.*

Imagina que el universo es un videojuego masivo. Según el PAP, el código del juego (las galaxias, los planetas, etc.) no se "renderiza" ni se vuelve real hasta que un "jugador" (tú, yo, o cualquier ser consciente) entra en la partida. Sin este jugador, u *observador*, el universo es solo una nube de posibilidades abstractas y probabilidades cuánticas. Pero cuando hay un observador (una mente o consciencia inteligente), al observar, o *medir*, el cosmos (estudiarlo), "obligamos" al universo a decidirse por una realidad concreta. Entonces, el observador no solo mira la realidad, sino que ayuda a crearla. ¡Es flipante!

¿Te das cuenta? Están diciendo que esta realidad física funciona como el Dream Matrix, ya que está demostrado que nuestros sueños y visiones funcionan de la misma manera en cuanto a su "renderización" al ser observados.

"La consciencia es el principio organizador del universo."

John Archibald Wheeler
(1911 - 2008)
Físico teórico

Wheeler dijo: "La consciencia es el principio organizador del universo". Qué fuerte. Es como decir que ¡la consciencia participa en la creación misma del universo! ¿Qué habrá desayunado aquel día el Dr. Wheeler para que alucinara estas ideas tan exageradas?

Pues resulta que Wheeler basó sus ideas en experimentos reales de la física cuántica donde se demuestra que las partículas cambian su comportamiento solo por el hecho de ser observadas. ¡Como hacen los empleados cuando aparece el jefe! O lo que haces tú cuando estás conduciendo por la carretera y ves un coche de policía. Pero ojo, que no estamos hablando de seres humanos, sino de partículas *no vivas*. El más famoso de estos experimentos se llama *el experimento de la doble rendija*. Seguro que has oído hablar de él. Brevemente, va así:

Imagina que tienes una pared con dos rendijas verticales y, detrás, otra pared que sirve de pantalla. Si lanzas muchas canicas al azar desde un punto fijo, las canicas que pasen por las rendijas golpearán la pantalla formando dos líneas verticales. Lógico, ¿verdad? Ahora, en lugar de lanzar canicas (que son bolitas de materia), sueltas un rio entero de agua hacia la pared, hasta inundarlo. Cuando una onda de agua choca contra las dos rendijas, se divide en dos nuevas ondas que salen del otro lado. Estas ondas chocan entre sí. Donde las crestas se encuentran, se refuerzan; donde una cresta encuentra un valle, se cancelan. Esto crea un patrón de interferencia (muchas líneas de diferentes intensidades en la pantalla).

Ahora, hagamos lo mismo con electrones (partículas diminutas de materia). Uno pensaría que, al ser "bolitas" de materia, actuarían como las canicas y formarían dos líneas en la pantalla. Pues no, aquí empieza lo raro: incluso si disparamos los electrones de uno en uno, para que no puedan chocar entre sí, ¡al final aparece un patrón de interferencia en la pantalla! Es como si cada electrón pasara por *ambas* rendijas al mismo tiempo, interfiriendo consigo mismo para aterrizar basándose en una probabilidad de onda.

Experimento de la Doble Rendija

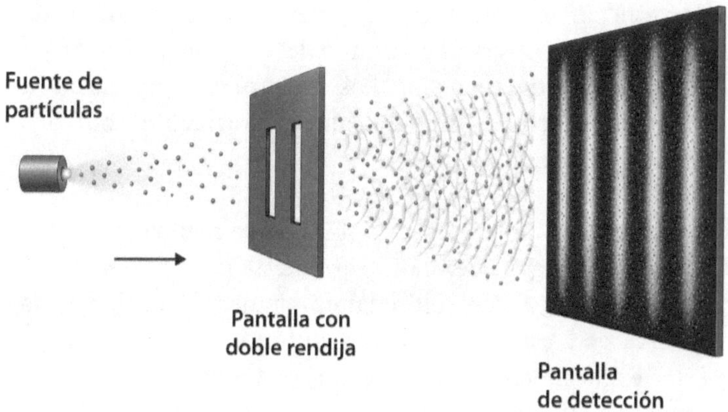

En ambos ejemplos, las partículas subatómicas se emiten una a una. Sin embargo, en el primer caso, con el tiempo, aparece un patrón de interferencia en la pantalla, como si se tratara de ondas. En el segundo ejemplo, donde hay un sensor para saber por cuál rendija pasa cada partícula, solo aparecen dos bandas, como si las partículas fueran bolitas clásicas. El simple acto de observar cambia el resultado.

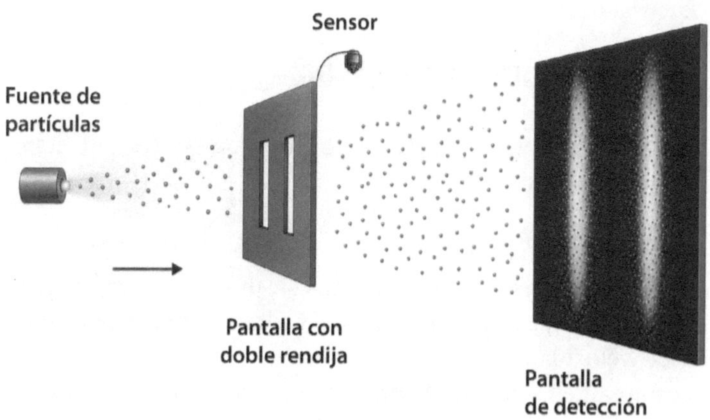

Aquí es donde la ciencia supera a la ciencia ficción: los científicos dijeron: "Esto no tiene sentido. Vamos a poner un sensor en las rendijas para ver por cuál pasa realmente el electrón." En el momento en que pusieron un dispositivo de medición para observar el camino del electrón, ¡el patrón de interferencia desapareció! Los electrones empezaron a comportarse como simples canicas, formando solo dos líneas en la pantalla.

Entonces, el simple hecho de observar (o medir) el sistema colapsa la función de onda. La materia parece "decidirse" por un estado físico solo cuando alguien — o algo — la observa para estudiarlo. ¿Qué significa esto para nosotros? Este experimento nos muestra que, en el nivel más fundamental, la materia no es tan "sólida" ni tan "predecible" como creemos. El universo no es tan "físico" como crees. La materia existe en una superposición de posibilidades hasta que interactúa con el mundo exterior a ella. Concretamente, con una consciencia, que es un alma o ente espiritual.

De verdad, cuanto más sabemos del cosmos, más sabemos que no sabemos nada.

El comportamiento de la luz

Vamos a ver otro ejemplo de lo *raro* que es este universo donde vivimos:

Ya vimos en un capítulo anterior cómo la velocidad de la luz es la máxima velocidad posible en este universo (otra ley que demuestra que hay un *legislador*). La luz es capaz de viajar a esta velocidad límite porque no tiene masa (no pesa absolutamente nada). Ahora, cuando algo se aproxima a la velocidad de la luz, pasan cosas muy raras, de modo que el universo ya no funciona de una manera "normal". Todo pierde sentido lógico. Si viajas a la velocidad de la luz, para ti (el que viaja) no pasa ni tiempo ni espacio. Todo es instantáneo.

Imagínate que sales por la noche a observar las estrellas. Las imágenes que te llegan a los ojos tienen miles de millones de años de edad, ya que la luz ha tardado todo este tiempo en viajar tales distancias impensables desde el espacio exterior hasta la Tierra. Estás literalmente observando el pasado. Muchas de estas estrellas dejaron de existir hace millones de años, aunque las estás viendo ahora mismo. Esto ya es increíble.

Pero más increíble todavía es que ¡los fotones de luz solo están allí para entrar en tus ojos si tú estás allí para verlos! Si no estás allí, ¡tampoco estarán allí los fotones procedentes de las estrellas que ves! ¡Está demostrado por la ciencia! El hecho de que tú estés consciente de esta estrella afecta de alguna manera a la luz que sale de dicha estrella, aunque esté en el *pasado*. Si tú no estás allí ahora para verlo, el fotón no habrá salido de la estrella hace millones de años.

En fin, el Principio Antrópico Participativo nos muestra que al observar hoy galaxias que están a miles de millones de años luz, estamos "haciendo reales" eventos que ocurrieron hace eones. La consciencia no es un accidente biológico, sino una pieza fundamental del cosmos.

John Wheeler no era un loco. Hay más científicos que dicen cosas parecidas hoy en día. Es una larga historia con ramificaciones increíbles. El caso es que la ciencia de la física ya es tan avanzada que ha empezado a encontrarse con los aspectos *espirituales* del universo. Estos descubrimientos recuerdan a los *hippies* que utilizaron drogas alucinógenas para crear un estado alterado de la consciencia: dicen que se sentían como si estuvieran del revés. El universo estaba dentro de ellos, y su consciencia estaba fuera por todas partes. Se sentían "uno" con el universo.

Seguro que has oído a "hippies" más actuales decir cosas como: "Dios está dentro de ti". Pues vaya, resulta que es verdad. Ojo, que esto no significa que tú seas Dios (como algunos dirían). Tú no creaste el Big Bang ni la vida en la Tierra. Pero resulta que este Dios creador del universo no solamente está "allí fuera", sino que también está "aquí dentro": ¡dentro de ti!

Miramos afuera para buscar a Dios, y allí está: fuera de la creación, al ser su Creador. También está dentro de la creación, guiando el desarrollo de los seres vivos. Pero, además, está Dios observando tu vida desde detrás de ti, desde tu punto de vista, desde tu propia consciencia, hacia fuera. ¡A través de tus propios ojos!

Que alguien diga "Dios no existe" es absurdo. ¡Lo está pensando con la propia mente que Dios ha creado! ¿De dónde crees que ha venido tu inteligencia, tu capacidad de pensar y razonar? Si no existe Dios, tampoco existes tú.

La existencia de tu consciencia es una de las máximas pruebas de la existencia de Dios. Dios está conectado a tu propia mente, de forma que es por su poder trascendental, espiritual, por el que tú mismo estás viviendo y observando la misma realidad que, junto a él, estás *creando* a tu alrededor.

A solas con Dios

Antes he hablado acerca de la extraña experiencia que tuve de niño, de empezar a despertar, en repetidas ocasiones, de esta realidad para descubrir la "verdadera" realidad. Nunca llegué a "despertar" del todo. Tuve miedo de encontrar allí la gran "nada", la soledad absoluta, las "tinieblas de afuera".

Ahora sé lo que hubiera encontrado si hubiera despertado del todo: habría encontrado a Dios. Allí fuera, en el "otro lado", fuera de este universo físico, me habría encontrado con Él, a solas, él y yo. No existiría nada más, solamente yo y Dios. ¿Por qué Dios? Porque si quitas TODO lo que existe menos tu propia alma, tiene que estar, además de ti y como mínimo, Dios. Porque si no, ¿de dónde vienes? ¿Quién te ha creado y puesto aquí? ¿Quién está sosteniendo esta experiencia que estas teniendo, que llamamos la vida?

Tú solamente puedes estar seguro de que existen dos cosas: tú mismo y Dios. Si todo el universo físico desapareciera, si todo dejara de existir, allí estarás. Tu alma, junto al creador de tu alma. Nada más. En lo más fundamental de todo, quitando todo, todo, todo, solo estáis tú y él. Tú y tu Creador.

Conclusión:
DIOS EXISTE

Muchos dicen que la cuestión de si existe Dios o no es una "cuestión de fe". Lo que quieren decir con esto es que no tienen la más mínima idea de si existe Dios o no, pero prefieren pensar que sí, porque les hace sentir mejor. Entonces, *deciden* "creer" en él, esperando a la vez tener razón.

Yo no creo en este tipo de "fe ciega." Después de todo, también puedes utilizar la fe ciega para creer en el *Monstruo de Espagueti Volador* (el dios de los ateos).

Yo quiero pruebas. Y en este libro tienes las pruebas:

Prueba 1: Dios está fuera del universo.
Prueba 2: Dios está dentro del universo, en la vida misma.
Prueba 3: ¡Dios está dentro de ti!

Quizás te sorprenderá que hasta la propia Biblia utiliza la *razón inteligente* para hablar de Dios. Por ejemplo, en cuanto a la primera prueba de la existencia de Dios (el Milagro de la Creación), la Biblia dice, entre otras cosas:

<u>Salmo 19:1</u> - *"Los cielos cuentan la gloria de Dios; la expansión proclama la obra de sus manos."*

<u>Romanos 1:20</u> - *"... desde la creación del mundo las*

cualidades invisibles de Dios, es decir, su eterno poder y su naturaleza divina, se perciben claramente a través de lo que él creó, de modo que nadie tiene excusa."

En cuanto a la segunda prueba (el Milagro de la Vida), la Biblia dice, por ejemplo:

Isaías 29:16 - *"... ¿Acaso el alfarero es igual al barro? ¿Puede un objeto decir del que lo modeló: «Él no me hizo»? ¿Puede una vasija decir de su alfarero: «Él no entiende nada»?"*

Salmo 36:9 - *"Porque en ti está la fuente de la vida y en tu luz podemos ver la luz."*

Y como no, un par de escrituras acerca del Milagro de la Consciencia:

Isaías 30:21 - *"Ya sea que te desvíes a la derecha o a la izquierda, tus oídos percibirán a tus espaldas una voz que te dirá: «Este es el camino; síguelo»."*

Hechos 17:28a - *"... en él vivimos, nos movemos y existimos."*

¿Sabes cuál es mi escritura favorita acerca de estas cosas? Es una afirmación que se repite en dos salmos diferentes:

Salmo 14:1a / Salmo 53:1a - *"Dice el necio en su corazón: «No hay Dios»."*

¿Ciencia contra religión?

Mucha gente piensa que la ciencia y la religión han estado en una guerra eterna, pero si miramos el "acta de nacimiento" de la ciencia moderna, descubrimos que, en realidad, la fe fue la que dio a luz a la ciencia.

Antes de la Revolución Científica, muchas culturas veían la naturaleza como algo caótico, caprichoso o incluso sagrado en sí misma (*animismo*). Si los dioses están de mal humor, hay tormenta; si están felices, hay cosecha.

Pero los pioneros de la ciencia (¡que eran creyentes devotos!) partieron de una premisa distinta: si el universo fue creado por un Dios racional, entonces el universo debe ser racional y seguir leyes constantes. Un Creador ordenado implica una Creación ordenada. Sin esa creencia en la "regularidad", no tendría sentido buscar leyes universales. ¿Para qué investigar la gravedad si mañana podría dejar de funcionar por un capricho divino?

Durante los siglos XVI y XVII, científicos como Galileo Galilei y Francis Bacon popularizaron una idea revolucionaria: Dios escribió dos libros: el Libro de la *Revelación*, que es la Biblia, y el Libro de la *Naturaleza*, que es el mundo físico.

Una manera más moderna de decir lo mismo es que hay dos tipos de revelación de parte de Dios: uno es la *revelación especial*, que es una manera directa de comunicar ideas y conceptos, que encontramos, por ejemplo, en los libros sagrados. El otro es la *revelación general*, que es lo que podemos entender a través de lo creado, el universo físico. Las primeras dos citas bíblicas que hemos visto antes hablan de esta revelación general de Dios.

Galileo decía que el Libro de la Naturaleza (la revelación general) estaba escrito en un lenguaje específico: ¡las matemáticas! Estudiar el movimiento de los planetas o la caída de una manzana no era alejarse de Dios, sino una forma de adoración intelectual. Era intentar "leer la mente del Arquitecto".

Casi todos los "padres" de la ciencia moderna veían su trabajo como una misión teológica. Johannes Kepler, al descubrir las leyes del movimiento planetario, dijo que solo estaba "repensando los pensamientos de Dios". Isaac Newton, considerado el fundador mismo de la ciencia, escribió más sobre teología que sobre física. Para él, la elegancia de la gravedad era la prueba máxima de un diseñador inteligente. Cuando Newton descubrió y escribió la fórmula matemática para la ley de gravitación universal, para él, esa fórmula no reemplazaba a Dios, sino que explicaba cómo obraba Dios en el día a día.

Entonces, ¿qué pasó? Con el tiempo, la ciencia se volvió tan buena explicando el "cómo" (los mecanismos) que muchos empezaron a sentir que el "porqué" (la causa primera) ya no era necesario. La ciencia creció, se mudó de casa de sus padres (la filosofía y la teología) y decidió independizarse, creando el empirismo y el materialismo (que hemos comentado en el capítulo acerca de la Creación). Pero es innegable que los cimientos de la casa donde vive hoy —la idea de que existen leyes naturales, que nuestra mente puede comprenderlas y que el universo es predecible— fueron puestos por personas que buscaban a Dios detrás de cada telescopio.

"Pienso que solo un idiota puede ser ateo."

Christian B. Anfinsen

(1916 - 1995)

Bioquímico,
Premio Nobel 1972

La ciencia no nació para derrotar a la religión, sino para descifrar la firma del autor en la obra de arte que llamamos el universo. Y hoy en día, más que nunca, la ciencia está volviendo a sus raíces a medida que se acerca a la frontera del conocimiento físico, la frontera con el más allá. Como dijo Christian Anfinsen, premio Nobel de Química en 1972: "Pienso que solo un idiota puede ser ateo."

¿Quién cree en Dios?

No sé si te has dado cuenta, pero en este libro he hablado muy poco acerca de la religión, la Biblia, el cristianismo y otras religiones. Ni siquiera he mencionado a Jesús ninguna vez. (Jesús. ¡Ya lo he mencionado! Pero esto también tendrá que ser un tema para otro libro).

Como pone en la contraportada, esto no ha sido un libro de religión, sino de ciencia básica. Por esto he mencionado en este libro algunos de los científicos más importantes del mundo. ¿Te has dado cuenta de que casi todos los científicos que he mencionado creen en Dios? Algunos llegaron a creer en Dios a través de sus propios descubrimientos científicos.

Albert Einstein, el científico más famoso de todos los tiempos, creía en Dios. Max Planck, considerado el padre de la física cuántica, dijo: "Los descubrimientos científicos de lo inmenso y de lo ínfimo, cosmológicos y biológicos, son evidencias que imponen la idea de Dios."

¿Qué hace falta para que tú también creas en Dios? ¿Quién tiene que decírtelo para que creas? Los científicos ya lo han dicho. Como ejemplo, el *Discovery Institute* (una organización de intelectuales en los EE. UU.) tiene una lista de más de 700 líderes científicos que públicamente han admitido que la evolución solo es posible si es guiada por una inteligencia superior.

"Los descubrimientos científicos de lo inmenso y de lo ínfimo, cosmológicos y biológicos, son evidencias que imponen la idea de Dios."

Max Planck
(1858 - 1947)
Físico teórico,
Premio Nobel 1918

¿Quién tiene que declarar al mundo que Dios existe para que tú creas en Dios? ¿El Rey? ¿El Presidente? ¿Qué tal el Presidente de los Estados Unidos? Él es alguien muy importante, ¿no? En el momento en que escribo este libro, Donald Trump es el Presidente. Él cree en Dios, según sus propias palabras. También el presidente anterior, Joe Biden, decía que creía en Dios. Y el anterior, y el anterior. No importa de qué partido político eran: *ningún* presidente de los EE.UU. en toda la historia del país ha sido ateo. Ninguno.

¿Y los líderes de otros países? En 2026, se estima que entre el 93 y el 95% de los líderes principales de todos los países del mundo son creyentes. Solamente entre el 5 y el 7% de ellos son ateos o *agnósticos* (alguien que "no sabe" o a quien no le importa si Dios existe o no).

¿Qué tal el mundo de los negocios? El famoso financiero Dr. Thomas J. Stanley, autor de varios libros acerca de cómo ser rico, hizo una encuesta a varios miles de multimillonarios por mérito propio, a lo largo de varias décadas, para averiguar cuáles son las claves o "secretos" de su éxito. Resulta que el 33% de estos millonarios (¡una tercera parte!) nombraron su vida espiritual y religiosa como *clave muy importante* de su éxito.

En fin, parece que hay muchísimas personas muy inteligentes en el mundo, que están convencidas de que existe un Dios supremo, creador de todo. ¿Y tú?

No puedes escapar

De Dios no te escapas. Puedes decir lo que quieras de él, o intentar negar su existencia. Pero esto no cambia para nada la verdad, la realidad de su existencia.

Que Dios exista o no, no depende de tu opinión de él. Pero tu existencia, en cambio, depende completamente de él. Eres como un *bit* de información informática dentro de la mente de Dios. Decir que "Dios no existe" supone un error, un fallo dentro del programa. ¡Ten cuidado de que no seas borrado del programa!

Todo lo que tú hagas en esta vida está sujeto a las leyes universales de Dios, y tiene sus consecuencias. ¡Tanto si crees en él como si no! El Dios creador del universo es la única esperanza que tienes de que tu alma, tu consciencia, siga con vida cuando tu cuerpo ya se haya podrido hace tiempo. ¡Yo, de ti, ya iría buscando y conociendo a Dios! Mientras sigues vivo, mientras sigues consciente, nunca es tarde para buscar a Dios. Después de todo, un día, sí o sí, te encontrarás con él, cara a cara. Mejor enterarte ya de qué es lo que quiere de ti. Si tu vida eterna depende de tus creencias, ¡conviene tener las creencias correctas! Es algo demasiado serio como para ir por la vida con los ojos cerrados.

La buena noticia es que nuestro Dios creador nos *ama*. Es un Dios *bueno*. Es precisamente este concepto lo que hace que muchos supuestos "ateos" no quieran creer en Dios. Es porque ven el mundo a su alrededor y se preguntan: "¿Dónde está Dios cuando lo necesitamos?". No están dudando de su existencia, están dudando de su bondad. Esto será tema para otro libro (¡ya son muchos los libros que me hacen falta escribir!).

Mientras tanto, hay literalmente millones de personas en todo el mundo que afirman que han tenido una *experiencia personal* con Dios. Una experiencia que les cambió la vida entera. A mí me pasó cuando tenía solamente 15 años de edad. Desde entonces, tanto en mi trabajo en el mundo del espectáculo, donde he conocido a miles de personas en varios países, como en mi trabajo en varias iglesias diferentes, incluyendo ser pastor de una iglesia durante 15 años, he visto a personas cambiar total y espectacularmente al encontrarse con el Dios vivo. He visto a ateos duros de corazón cambiar de repente y entregar sus corazones a Dios. Algunos eran drogadictos, o ladrones, o prostitutas, o incluso asesinos.

Pero no hace falta que me creas a mí; las redes sociales están llenas de testimonios de estos encuentros. Incluso hay varias organizaciones que recopilan testimonios de conversiones, sanaciones y otros milagros. Por ejemplo, la *Near-Death Experience Research Foundation* (Fundación para la Investigación de Experiencias Cercanas a la Muerte) tiene una base de datos pública en su página web —www.NDERF.org— con más de 16.000 testimonios detallados acerca de las Experiencias Cercanas a la Muerte (ECM). Son las experiencias de personas que han muerto y resucitado (por ejemplo, en un accidente de tráfico o en un quirófano) y han experimentado el *otro lado*, el más allá, el Dream Matrix.

Es una lástima que la mayoría de las personas que *necesitan* leer este libro no lo van a leer. En realidad, no *quieren* saber si Dios existe o no. Por cierto, ¿cuál es la diferencia entre la ignorancia y la apatía? No lo sé y no me importa. (¡Perdona, no pude evitar el chiste!)

¿Y tú? Tú, que has leído hasta aquí, hasta el final del libro: ¿Sientes una atracción por estos temas? ¿Estás *buscando*? ¿Será por algún propósito divino que lo has leído? Mira en tu interior. ¿Acaso Dios te está llamando? Quizás es hora de contestar y cumplir, por fin, tu llamada. Tu propósito.

Según la Biblia, Dios dijo: *"Me buscarán y me encontrarán cuando me busquen de todo corazón."* (Jeremías 29:13).

Te desafío a que lo pruebes: búscalo, síguelo, pídele directamente que se revele a ti. No tengas miedo a la verdad. Serás grata y espectacularmente sorprendido.

Terminaré con una parábola, una historia popular que nos hace pensar:

La vida después del parto

En el vientre de una madre había dos bebés. El primer bebé le preguntó al otro: —¿Crees en la vida después del parto?

El segundo bebé respondió: —Pues claro. Tiene que haber algo después del parto. Tal vez estemos aquí para prepararnos para lo que seremos más adelante.

—Tonterías —dijo el primero—. No hay vida después del parto. ¿Cómo sería esa vida?

—No lo sé, pero habrá más luz que aquí. Tal vez caminemos con nuestras piernas y comamos por la boca.

El bebé incrédulo se rio. —¡Eso es absurdo! Caminar es

imposible. ¿Y comer por la boca? Ridículo. El cordón umbilical nos nutre. La vida después del parto debe descartarse; el cordón umbilical es demasiado corto.

El segundo bebé se mantuvo firme. —Creo que hay algo, y tal vez sea diferente a como es aquí.

El primer bebé replicó: —Nadie ha vuelto jamás de allí. El parto es el fin de la vida, y después del parto no hay más que oscuridad y ansiedad, y no nos lleva a ninguna parte.

—Bueno, no lo sé —dijo el gemelo—, pero de seguro veremos a mamá y ella cuidará de nosotros.

—¿Mamá? —el primer bebé soltó una carcajada—. ¿Crees en mamá? ¿Dónde está ella ahora?

El segundo bebé, con calma y paciencia, intentó explicar: —Ella está a nuestro alrededor. En ella es donde vivimos. Sin ella, no existiría este mundo.

—Ja. No la veo, así que lo lógico es que no exista.

A lo que el otro respondió: —A veces, cuando estás en silencio, puedes oírla, puedes percibirla. Creo que hay una realidad después del parto y estamos aquí para prepararnos para esa realidad cuando llegue...

¿Quieres saber más?
DESCUBRE LA VERDAD

SYNCSPIRATION

Syncspiration es un ministerio en línea dedicado a descubrir y enseñar la verdad acerca de Dios, del alma humana y del mundo espiritual. Su canal de YouTube, titulado «Syncspiration - Descubre la Verdad», tiene más de 200 horas de enseñanzas totalmente gratuitas que abordan más de 60 temas, todas producidas y presentadas por Adrian Sanso-Ali.

Estos vídeos y audios presentan verdades espirituales basadas en la Biblia, pero de una manera moderna y fresca que todo el mundo puede entender. Aunque están dirigidos principalmente a los cristianos, tratan temas actuales, relevantes o polémicos, que sirven para todos los públicos. Así que, seas quien seas y creas lo que creas, hay algo de provecho para ti.

www.Syncspiration.org